国家数值风洞工程验证与确认系列译著

计算科学与工程领域的计算机代码验证

Verification of Computer Codes in Computational Science and Engineering

［美］帕特里克·努普（Patrick Knupp）
［美］坎比兹·萨拉里（Kambiz Salari） 著

陈江涛　章超　李彬　等译

国防工业出版社

·北京·

内 容 简 介

代码验证是确保科学计算代码中没有影响数值解精度的编程错误的必经途径。本书共十章，全面系统地介绍了计算机代码验证，包括背景、原理、流程、实施细节和示例。重点阐述了计算机代码验证的一种重要手段，即"基于人造解方法的精度阶验证"（OVMSP）。通过求解 Burgers 方程和 Navier-Stokes 方程的示例阐明了该方法的优点。

本书面向计算科学和工程领域计算机代码的开发者和测试者，特别是微分方程模拟软件的研发人员，为其进行代码验证提供规范的实施准则和切实可行的操作指导。

著作权合同登记　图字：01－2022－5449 号

图书在版编目（CIP）数据

计算科学与工程领域的计算机代码验证/（美）帕特里克·努普（Patrick Knupp），（美）坎比兹·萨拉里（Kambiz Salari）著；陈江涛等译. —北京：国防工业出版社，2023.3

书名原文：Verification of Computer Codes in Computational Science and Engineering

ISBN 978－7－118－12847－5

Ⅰ.①计… Ⅱ.①帕… ②坎… ③陈… Ⅲ.①程序校验－研究 Ⅳ.①TP311.1

中国国家版本馆 CIP 数据核字（2023）第 037147 号

Verification of Computer Codes in Computational Science and Engineering1st Edition/by Patrick Knupp，Kambiz Salari/ISBN：978－1－584－88264－0
Copyright © 2003 by CRC Press.
Authorized translation from English language edition published by CRC Press, part of Taylor & Francis Group LLC; All rights reserved; 本书原版由 Taylor & Francis 出版集团旗下，CRC 出版公司出版，并经其授权翻译出版。版权所有，侵权必究。
National Defense Industry Press is authorized to publish and distribute exclusively the Chinese (Simplified Characters) language edition. This edition is authorized for sale throughout Mainland of China. No part of the publication may be reproduced or distributed by any means, or stored in a database or retrieval system, without the prior written permission of the publisher. 本书中文简体翻译版授权由国防工业出版社独家出版并在限在中国大陆地区销售。未经出版者书面许可，不得以任何方式复制或发行本书的任何部分。
Copies of this book sold without a Taylor & Francis sticker on the cover are unauthorized and illegal. 本书封面贴有 Taylor & Francis 公司防伪标签，无标签者不得销售。

※

国防工业出版社出版发行

（北京市海淀区紫竹院南路 23 号　邮政编码 100048）
三河市众誉天成印务有限公司印刷
新华书店经销

*

开本 710×1000　1/16　印张 8¼　字数 138 千字
2023 年 3 月第 1 版第 1 次印刷　印数 1—2000 册　定价 68.00 元

（本书如有印装错误，我社负责调换）

国防书店：（010）88540777　　书店传真：（010）88540776
发行业务：（010）88540717　　发行传真：（010）88540762

国家数值风洞工程验证与确认
系列译著编委会

主任委员	陈坚强				
副主任委员	吴晓军	肖中云	陈江涛	张培红	章 超
翻译人员	陈江涛	章 超	李 彬	肖 维	沈盈盈
	赵 炜	张培红	吴晓军	肖中云	杨福军
	郭勇颜	金 韬	贾洪印	刘深深	崔鹏程
	赵 娇	胡向鹏	周晓军	吕罗庚	唐 怡
	丁 涛	付 眸	何乾伟	曾志春	张 凡
	刘 婉	李海峰	刘东亚	任 丽	
校对人员	陈江涛	章 超	沈盈盈	赵 炜	

前　言

　　本书的主题是如何验证求解偏微分方程的计算机代码。从广义上讲，"验证"一词是指，以令人信服的方式证明方程通过代码得到正确地求解。本质上，验证后的代码不含任何导致计算出错的编程漏洞。但更准确地说，本书中的代码验证指的是代码精度阶验证，即证明代码的观测精度阶与数值方法的理论精度阶一致。

　　随着计算机运行速度日益加快，求解微分方程的数值算法能力愈发强大，以关键设计和预测为目的的活动对生产代码的依赖性越来越高。因此，在计算科学和工程领域，生产代码验证至关重要。最初，代码测试主要包括：对照简化后的微分方程的解析解，对计算结果进行基准测试。基准测试适用于简化方程只涉及常系数、简单几何构型、边界条件和线性现象的情形。复杂物理现象的模拟会使代码求解的微分方程愈加复杂，而基准测试无法检验代码的全部功能，因而满足不了需求。

　　本书详细论述了一种可替代基准测试的方法，可作为代码验证的一种手段。这种替代方法的两个基本特征为：通过人造精确解方法(Method of Manufactured Exact Solutions, MMES)，构造代码求解的完整的一般微分方程的解析解；通过网格收敛研究，确定代码的精度阶。这一替代方法通常被称为"人造解方法"。但我们认为这一命名并不充分，因为它忽略了替代验证方法的第二项特征，即用于确定精度阶的网格收敛研究。我们建议将该法称为"基于人造解方法的精度阶验证"(Order Verification via the Manufactured Solution Procedure, OVMSP)。

　　对于OVMSP, Patrick Roache最近在其著作《计算科学与工程领域的验证和确认》(Verification and Validation in Computational Science and Engineering)第二章和第三章中进行了详细阐述。我们在此强烈推荐该书。相较于本书，它对广义上的计算流体力学术语(验证、确认和不确定度等)之间的区别展开了更加深入的论述，还列出了计算科学和工程领域中各种代码验证问题的典型案例。

比较而言,本书认为合乎逻辑地关注计算科学中的确认等过程是理所当然的,但须在验证过程之后单独论述。代码确认是一个复杂的主题,本书未将其列入讨论范畴,以便对代码验证予以详细阐述。为避免读者对OVMSP的概念有所混淆,我们需要对代码验证进行全面、系统的介绍。本书既以令人信服的论据向读者阐释了OVMSP的优点,又为OVMSP的实现过程提供了详尽的程序性指南。

本书可用作"验证和确认"短期课程教材,供计算科学和工程专业学生或生产涉及微分方程的模拟软件的研发人员使用。如果牢固掌握了本科阶段的偏微分方程和常微分方程数值方法以及计算机编程,并在流体流动、热科学或结构力学等应用学科方面具备一定知识,学习本书时将不会感到吃力。

本书包含十章、参考文献和四个附录。

第一章介绍了代码验证的背景、简史,并就此展开非正式讨论。第二章对微分方程这一主题进行深入讨论,重点介绍了术语和一些基本概念,以便在后续章节中展开论述。此章还讨论了微分方程离散方法以及代码中的数值算法思想。第三章介绍了验证代码精度阶的详细步骤,可供从业人员使用。为了对现代的复杂代码进行验证,必须确保覆盖所有需要验证的选项。因此,第四章讨论了验证程序背景下与覆盖测试套件设计相关的问题。此外,代码验证还需用到微分方程的"精确"解。为此,第五章对人造精确解方法展开了论述。详细阐述代码精度阶验证流程后,第六章总结了代码精度阶验证的主要优点。第七章讨论了解验证、代码确认等相关主题,以此阐明此类活动与代码验证的区别。第八章展示了代码精度阶验证操作的四个示例,涉及求解 Burgers 方程或 Navier–Stokes 方程的代码,这些示例呈现了精度阶验证的某些细节。第九章讨论了代码精度阶验证中的高级主题,包括无阶近似、特殊阻尼项和非光滑解。第十章对代码精度阶验证流程进行了总结,并提出了一些结论性意见。

首先,感谢 Patrick Roache 和 Stanly Steinberg 向我们详细介绍了精度阶验证和人造解的概念。此外,来自桑迪亚国家实验室的 Ben Blackwell、Fred Blottner、Mark Christon、Basil Hassan、Rob Leland、William Oberkampf、Mary Payne、Garth Reese、Chris Roy 等人就该主题展开了讨论,令我们获益良多,在

此向他们表示衷心的感谢。感谢 Shawn Pautz 发表了其在洛斯阿拉莫斯国家实验室对 OVMSP 的研究成果。最后,感谢我们的妻子和家人,让我们有足够的时间来完成本著作。

Patrick Knupp
Kambiz Salari

目 录

第一章 代码验证导论 1
第二章 数学模型和数值算法 6
  2.1 数学模型 6
  2.2 求解微分方程的数值方法 8
    2.2.1 术语 8
    2.2.2 有限差分示例 9
    2.2.3 数值问题 10
    2.2.4 代码精度阶验证 14
第三章 精度阶验证流程(OVMSP) 15
  3.1 静态测试 15
  3.2 动态测试 16
  3.3 精度阶验证流程概述 17
  3.4 详细流程 18
    3.4.1 流程开始(第1步~第3步) 18
    3.4.2 运行测试确定误差(第4步~第5步) 19
    3.4.3 解释测试结果(第6步~第10步) 24
  3.5 小结 27
第四章 设计覆盖测试套件 29
  4.1 基本设计问题 29
  4.2 与边界条件相关的覆盖问题 32
  4.3 与网格和网格加密相关的覆盖问题 33
第五章 确定精确解 35
  5.1 利用正问题获得精确解 35
  5.2 人造精确解法 37

  5.2.1 人造解构建准则 ································ 37
  5.2.2 系数构建方针 ···································· 38
  5.2.3 示例：人造解构建 ······························ 39
  5.2.4 辅助条件的处理 ································ 41
  5.2.5 源项深度探索 ···································· 45
  5.2.6 精确解的物理现实 ······························ 49

第六章 精度阶验证流程的益处
6.1 编码错误分类 ·· 50
6.2 简单的偏微分方程代码 ································ 52
6.3 盲测 ·· 55

第七章 相关的代码开发活动
7.1 数值算法开发 ·· 58
7.2 代码鲁棒性测试 ·· 59
7.3 代码效率测试 ·· 59
7.4 代码确认操作 ·· 60
7.5 解验证 ·· 60
7.6 代码确认 ·· 61
7.7 软件质量工程 ·· 62

第八章 代码验证操作范例
8.1 笛卡儿坐标中的 Burgers 方程（代码1）············ 63
  8.1.1 具有 Dirichlet 边界条件的稳态解 ············ 64
  8.1.2 具有 Neumann 和 Dirichlet 混合条件的稳态解 ··· 65
8.2 曲线坐标中的 Burgers 方程（代码2）··············· 67
  8.2.1 稳态解 ·· 67
  8.2.2 非稳态解 ·· 68
8.3 不可压缩 Navier–Stokes 方程（代码3）············· 70
8.4 可压缩 Navier–Stokes 方程（代码4）··············· 72

第九章 进阶主题
9.1 计算机平台 ··· 77

9.2	查找表	77
9.3	自动时间推进选项	78
9.4	固有边界条件	78
9.5	含人工耗散项的代码	80
9.6	特征值问题	81
9.7	解的唯一性	82
9.8	解的光滑性	82
9.9	含激波捕获格式的代码	83
9.10	无阶近似代码的处理	84

第十章 总结与结论 86

参考文献 89

附录 A 其他偏微分方程代码测试方法 92

附录 B 正推法的实现问题 94

附录 C 盲测结果 96

C.1	错误的数组索引	96
C.2	数组索引重复	97
C.3	错误的常数	98
C.4	错误的"Do 循环"范围	99
C.5	变量未初始化	100
C.6	参数列表中错误的数组标签	101
C.7	内外层循环索引的颠倒	102
C.8	错误的符号	103
C.9	算子转置	105
C.10	错误的括号位置	105
C.11	差分格式的概念性或相容性错误	106
C.12	逻辑 IF 错误	107
C.13	无错误	108
C.14	错误的松弛因子	109
C.15	错误的差分	110

- C.16 缺项 ·· 110
- C.17 网格点变形 ··· 111
- C.18 输出计算中错误的算子位置 ··· 113
- C.19 网格单元数量的变化 ··· 114
- C.20 冗余"Do 循环" ··· 115
- C.21 错误的时间步长 ·· 116

附录 D 多孔介质-自由流界面方程的人造解 ·············· 118

第一章 代码验证导论

发现并推导出可用于描述物理系统行为的数学方程,是科学革命史上具有划时代意义的重要一步。例如,有了从牛顿定律推导出的行星运动方程,就可以基于行星的当前位置和速度来预测行星在未来任何日期的位置。受此启发,科学家们在随后几个世纪里制定出各类方程,用以描述热力系统温度分布、流体运动、桥梁和建筑物对外加载荷的响应,以及电磁和量子力学现象。利用数学方程来预测物理系统行为,已远远超出最初天文学和物理学中描述疾病传播、化学反应速率、交通流量和经济模型的范围。

为了定量预测物理系统的行为,必须求解控制方程。对于物理系统,控制方程一般以微分方程形式表示各种变化率之间的关系。对这一内容有了解的人都知道,微分方程求解异常困难。在数字计算机发明之前,只能通过简化物理系统的相关假设,求得少量微分方程的"解析"解。通常,对于高度真实的物理系统模型而言,无法获得用于预测其行为的解析解。

还有另一种方法求解方程,涉及利用离散化进行数值近似的思维。大致地说,就是将问题的物理域细分为若干称为网格的小区域,利用有限自由度的代数方程,近似处理具有无限自由度的微分方程。这种方法的主要优点是无须简化物理问题(即降低真实度)便可求解。然而,在数字计算机出现之前,由于涉及大量计算,"数值"方法并未广泛应用于微分方程的求解,只有在亟需预测时,如在第二次世界大战的黑暗历史时期(计算机广泛投入商用之前),才会采取数值计算。那时,偌大的房间内挤满了手持加法机的人,他们利用数值方法,求解炮弹运动轨迹的微分方程。

随着数字计算机的出现,数值方法不仅变得实用,而且因其能够提高描述真实现象的程度,成为了求解以预测为目的的微分方程的首选方法。但最开始,由于计算机资源的限制,模型受到了一定限制,提高模型真实度并非一蹴而就。半个世纪以来,微芯片和存储技术不断创新,使得计算机建模的真实度(和复杂度)有所提高。此外,不广为人知的是,用于求解物理模型数学方程的数值算法(在运算速度、精度及鲁棒性方面)有了大幅改进,对提升模型真实度也具有同样重要的意义。因此,随着计算机和数值方法的不断改进,人们就能预测出真实度更高的物理系统行为。

随着可分析的模型真实度越来越高,此类模型的应用(体现在计算机代码和软件中)与复杂物理系统设计之间的联系更为紧密。目前,科学家和工程师均在广泛使用复杂代码,对工程、物理、化学、生物和医领域的各种现象进行计算和预测,并致力于开发真实度更高、性能更强大的代码。

真实计算机模型的使用可增加设计过程的关联性,所以对代码正确性的需求越来越高。但计算机代码通常都会有编程错误(本书将避免使用"bug"这一不太正式的用语)。计算机代码所需执行的任务越复杂,开发人员在写代码时就越有可能出现错误,并且明知错误存在也常常难以识别。有些错误可能在代码中存在数年,而从未被检测出来,其造成的影响或轻或重,可能无伤大雅,也可能会引起错误的预测结果。依赖计算机模拟代码的工程师和其他从业者需要确保代码没有重大错误。针对有害废弃物处理等重大项目,政府和监管机构应实行严苛标准,保护公众。这些标准必须列出能够证明代码正确性的相关内容。

采用正确的计算机代码模拟真实度更高的物理模型已渐成趋势,同时代码的复杂度也在日趋增加,两者形成了冲突。代码复杂度增加的原因似乎归结于两个主要因素:其一,算法变得更加复杂(从而提高效率和鲁棒性);其二,人们希望软件更有能力(能做更多的事情)、更具人性化的愿望愈发强烈。无论出于什么原因,最早组成有用科学代码的 Fortran 语言指令不过 50 行而已,而现在,科学软件包含的代码可能有一百万行之多。随着代码行数的增加,确定代码的"正确性"便愈发困难。通读计算机代码更像是阅读数学证明,而不是阅读小说,因此开发人员必须缓慢、费力地逐行查看,才能确保代码没有出错。阅读 50 行代码,无疑轻松可行,但要通读一百万行代码,并自信地断定代码中没有任何错误,却是不切实际的。

因代码未经充分测试而导致的重大事件中,最严重的一次莫过于"火星极地着陆者"号(Mars Polar Lander)登陆任务失败。这项任务耗资数百万美元,而最有可能导致失败的原因是,发动机在卫星下降过程中提早关闭。经调查发现,引导登陆过程的软件因瞬态信号而接受了错误的着陆指示。于是,围绕代码"测试"的一个巨大产业应运而生。代码测试工作包括但不限于识别和消除编码错误。代码测试不仅适用于测试科学软件,也适用于测试其他任何用途的软件。

本书不讨论代码测试这一宽泛的主题,而是重点研究代码验证。代码验证是一种高度专业化的动态代码测试方法,仅适用于求解常微分方程或偏微分方程的代码。在本书中,求解偏微分和常微分方程的代码称为偏微分方程(PDE)软件。除了其他类型软件所采用的常规测试流程之外,偏微分方程软件还需进行一项测试或一系列测试,证明微分方程确实通过代码得到了正确求解。

对于偏微分方程代码验证,广泛接受的非正式定义为:证明偏微分方程代码正确求解其控制方程的过程。

如果成功完成此过程,则说明代码已通过验证。这一简单的定义虽然有助于将验证过程与解的正确性联系起来,但由于使用了"证明"和"正确"等模糊用词,势必会出现各式各样的解读与误读。事实上,目前还没有一种被普遍接受的代码验证方法。

代码验证是证明控制方程正确求解的必要过程,可追溯到 Boehm[1] 和 Blottner[2] 的著作。Oberkampf[3] 提出了代码验证的非正式定义,但该定义将代码验证和代码确认混为一谈。本书采用的定义最早见于 Steinberg 和 Roache[4] 的著作。微分方程的人造解概念或许自引入和研究微分方程时就已为人所知;然而据了解,在代码测试中应用此概念最早出现在 Lingus[5] 的著作中。Lingus 建议将人造解用于基准测试。Oberkampf 和 Blottner[6] 最先使用了"人造解"一词。关于利用人造解来识别编码错误,最早发表的参考文献之一是 Shih[7] 的论文。Martin 和 Duderstadt[8] 利用这一方法创建了辐射输运方程的人造解,并指出:"如果数值方法具有二阶精度,那么正确编写的代码应能精确地产生假设的线性解(在机器精度范围内)。"这是一种自然而然的观点,Batra 和 Liang[9] 以及 Lingus[5] 等都有提出。尽管 Shih 的论文具有很高的原创性,但其主要缺陷在于,文中并未提及使用网格加密方法来建立解的收敛性或精度阶。Roache 等人提出了一种观点,即将人造解(包括符号运算器)和网格加密相结合,用于验证精度阶[4,10-11]。Roache 在其著作中论述了代码验证和代码确认[12]。Salari 和 Knupp[13] 最先阐明了通过 OVMSP 实施系统性代码验证的流程。本书作者已根据此流程验证了近十二个偏微分方程代码[10,15],并提供了该方法的详细信息。Pautz 在其著作中介绍了该方法在中子和辐射输运方程中的最新应用[16]。关于此主题的其他历史参考资料,请参见 Roache 的相关文献[12,17]。

目前,最常见的代码验证方法是将给定代码计算出的数值解和控制方程的精确解进行比较,类似于测试科学假设使用的方法。在科学方法中,假设用于推断出某些确定的可测试的结果,再通过实验确定结果是否真的与假设一致。如果经过大量实验,没有发现任何证据表明该假设是错误的,此假设就成为公认事实。但是,科学家们清楚知道实验永远无法证明假设成立,只能证明假设不成立,因为任何一个新的实验均有可能推翻这个假设。

典型的偏微分方程代码验证遵循科学方法模式。假设代码正确求解了其控制方程,可测试的结果即为,通过代码计算的解应与控制方程的精确解一致。针对一系列测试问题(类似于"实验")运行代码,将计算解与精确解进行比较,只要测试问题没有出现计算解和精确解明显不一致的情况,那么代码正确求解方程的假设就不会受到质疑。经过充分测试后,代码被视为通过验证,但始终可能存在另一个测试发现代码得出的解不正确。

如果代码开发人员实施全面的代码测试,那么此种验证方法就不会那么不尽如人意。通常,开发人员不会执行严苛(甚至达到一半的严苛程度)的代码验证,因为他们似乎总是会有更为紧迫的事情要做。如上所述,验证是开放式的,这为开发人员即刻停止进行全面、完整的测试提供了借口。谁也不知道何时能完成验证。在商业代码开发中,缺乏明确的验证终止点意味着,即使花费了大量的时间和金钱,也无法有力证明代码的解始终正确。封闭式的代码验证流程将会更具成本效益。

那么,封闭式代码验证流程是否可行?不幸的是,答案既可以为"是",也可以为"否",因为这仍然取决于人们对"正确求解方程"的具体理解。如果"正确求解"意味着无论提供什么输入,代码总是会产生正确的解,那么答案显然是"否"。验证后的代码出错的例子比比皆是,比如向代码输入错误的数据,使用过粗的网格,或者没有收敛到正确的解。如果"正确求解"意味着在输入正确、网格适当、收敛参数正确等给定限制的条件下,代码可以正确地求解其方程,那么在适当的限定条件下答案便为"是"。

为了进一步探讨上述问题,将在下一章介绍微分方程的背景知识。

第二章 数学模型和数值算法

2.1 数 学 模 型

如第一章所述,用于预测物理系统行为的数学方程通常属于微分方程,可呈现各种量变化率之间的关系。这些方程源于已在物理领域中证明成立的物理定律,如能量、质量和动量守恒。

根据因变量(解)确定微分方程,因变量的数值随着自变量的变化而变化。如果只有一个自变量,则微分方程称为常微分方程(ordinary differential equation,ODE)。如果存在多个自变量,则微分方程被称为偏微分方程(partial differential equation,PDE)。如果因变量超过一个,则有一个微分方程组。对于物理过程,自变量通常为(但不总是)时间和空间变量。如果方程只有一个空间变量,则问题属于一维问题;如有两个空间变量,则为二维问题;如有三个空间变量,则为三维问题。

例如,固定介质中的热传导通常基于以下偏微分方程,称为热方程,它是根据热能守恒推导得出的:

$$\nabla \cdot K \nabla T + g = \rho c_p \frac{\partial T}{\partial t}$$

式中:t 为时间;ρ 为质量密度;c_p 为比定压热容;T 为温度;K 为热导率(通常为对称正定矩阵);g 为生热率;符号 $\nabla \cdot$(散度)和 ∇(梯度)为将空间导数应用于因变量的微分算子。热导率、密度和比热容称为算子系数。在物理系统中,这些系数通常和物性相关。如果系数和空间变量相关,那么这个问题被认为是非均匀的,否则就是均匀的。如果热导率矩阵与单位矩阵成正比,则算子为各向同性,否则为各向异性。如果因变量不依时间而变化,则问题为稳态问题,否则为非稳态问题或瞬态问题。生热率 g 取决于问题内部的热量注入或提取,所以称为源项。如果源出现在空间的某个特定位置,则称为点源,否则称为分布式源。

一些与物理系统有关的微分方程包含本构关系。本质上,本构关系是指微分算子系数之间、因变量系数之间或上述两者之间的关系。例如,理想气体定律便是指压力、温度和气体体积之间的本构关系。另一个例子是多孔介质的电导率和水头之间的关系,比如 Forchheimer 关系。

微分方程的阶数取决于任意一个自变量中导数的最大数目。例如,由于散度和梯度算子的不同组合导致每个空间坐标中有两个导数,所以热方程属于二阶方程。物理过程最常采用一阶、二阶、三阶或四阶微分方程来表示。

热方程被称作线性方程,这是因为如果 T_1 和 T_2 是热方程的解,那么 $T_1 + T_2$ 也是方程的解。如果微分方程只有一个解,则此解称作唯一解。一般来说,微分方程可以有一个或多个解,也可以没有解。热方程本身并没有唯一解,如需创建一个唯一解,必须施加辅助要求,即初始条件(仅针对瞬态问题)、域 Ω 和一些边界条件。初始条件的作用是,在问题初始时刻,给定域上的因变量值。在初始时间后的所有时间,都必须满足该方程。域是指空间中热方程(广义上讲是指内部方程)成立的一个区域。域通常(但不总是)是有界限的,即具有有限边界。边界条件用于约束边界上的因变量或其导数 $\partial \Omega$。热传导现象通常会应用三种通用边界条件:

(1) Dirichlet 边界条件:$T|_{\partial\Omega} = f$

(2) Neumann 边界条件:$\dfrac{\partial T}{\partial n}\bigg|_{\partial\Omega} = f$

(3) Robin 边界条件:$(K\nabla T + hT)|_{\partial\Omega} = f$

式中:f 为在域边界上定义的时间和空间函数;$\partial T/\partial n = n \cdot \nabla T$ 为边界法线方向的温度导数。热方程的另一个重要边界条件是冷却和辐射条件:

$$-K\frac{\partial T}{\partial n} + q_{\sup} = h(T - T_\infty) + \varepsilon\sigma(T^4 - T_r^4)$$

式中:h 为传热系数;ε 为表面发射率;σ 为 Stefan – Boltzmann 常数;T 为有效温度;$q_{\sup}$ 为供应的热通量。还可以应用其他类型的边界条件。需要注意的是,边界条件还包含材料相关系数的函数,如 h 和 K,以及 Neumann 边界条件下的通量函数 f。通常情况下,边界条件阶数与内部方程阶数的差值不超过 1。

将整个微分方程组(包括内部条件、初始条件和边界条件)称为控制方程。

偏微分方程通常分为三类,即椭圆型、抛物型或双曲型,用于表征物理系统的行为。在扩散系统中,信号传播速度是无限的,可形成椭圆型方程,例如稳态热方程。在具有类波或类激波行为的系统中,信号传播速度是有限的,可形成双曲线型方程。抛物线型方程则介于椭圆型和双曲型方程之间。

为了求解控制方程,必须规定内部方程和边界方程的系数和源项,以及域、边界和初始条件。解为函数 $T(x,y,z,t)$,满足域及其边界上所有点的控制方程。解析解采用某种数学表达式的形式,如公式、无穷级数或者积分。解析解随时间和空间而变化,可在域范围内的任何特定点进行估计。通常,数值解的形式是一组数字,这些数字对应于时间和空间上不同点的解的值。要推导出微分方程,就需要假设某些流体或介质是个连续体,因此,微分方程的解析解有时被称为连续解。

由于控制方程的解取决于指定的特定系数和源项函数,以及给定的域、边界和初始条件,所以控制方程显然存在无数种解。正是因为这一性质,控制方程才能预测出物理系统在各种条件下的行为。关于常微分方程和偏微分方程的数学性质,有大量文献可供阅读[18-22]。

2.2　求解微分方程的数值方法

本节回顾了数值方法的一些基本概念,尤其是与求解偏微分方程有关的概念,以便深入讨论代码验证。

2.2.1　术语

通常可以采取多种方法,对给定的微分控制方程组进行数值求解,每种方法都各有优劣。数值方法的基本类别包括有限差分法、有限体积法、有限元法、边界元法和谱方法。它们都有一个共同特性,即通过近似处理将原有的无穷维微分方程转换成一个更简单的有限维"离散"方程组。解析解用于求解无限维问题,离散解用于求解有限维问题。

解析解或连续解用于精确求解连续性微分方程,无近似处理,所以通常被称为精确解。然而,离散解是精确解的近似值。离散解理当被称为近似解,但这一术语鲜有使用。离散解之所以得名,是因为它是问题域和控制方程经过离散化而得出的解。

为了对控制方程进行数值求解,可利用时间和空间的离散化,将问题简化为有限维。离散化过程包括将问题域细分为更小的子域,通常称为单元。

细分的域通常被称为网格。微分方程的因变量则为局限在网格特定位置的离散量。这些位置可以是单元中心、单元边缘或网格节点。在有限差分法中,控制方程的微分关系通常采用一个代数表达式近似处理,此表达式表示的是给定位置的离散解与邻点的离散解值之间的关系。在有限元法中,则利用特定的基函数在有限元上对因变量进行近似处理。无论采取以上哪种方法,最终都会得出一个代数方程组,必须求解此方程组才能得出离散解。一般而言,随着网格的加密以及单元尺寸的减小,近似度会提高。精确解和近似(离散)解之间的差异称为离散误差。在网格加密情况下,离散误差会随着网格尺寸的减小而降低,最终两者都趋于零。

本书谨慎区分了离散误差和编码错误。离散误差算不上一个错误(从严重错误的意义上讲),而是在以近似的方式将原有的无限维问题转换成有限维问题时,必然衍生的副产品。另外,如果在对离散方法进行编码时足够谨慎,则可避免或减少编码错误。因此,编码错误才是真正的错误或严重错误。

2.2.2 有限差分示例

本节将举例说明如何利用网格和离散近似法,完成连续性表达式的近似处理。近似阶数通过推导得出。有限差分法的基础是,在某一给定点上对函数进行泰勒(Taylor)级数展开。基于初等微积分,某光滑函数 f 在 x 处的泰勒级数展开式如下:

$$f(x+h) = f(x) + h\frac{df}{dx}\bigg|_x + \frac{h^2}{2}\frac{d^2f}{dx^2}\bigg|_x + \frac{h^3}{6}\frac{d^3f}{dx^3}\bigg|_x + \frac{h^4}{24}\frac{d^4f}{dx^4}\bigg|_y$$

其中,$x < y < x+h$。利用符号 $O(h^4)$ 表示某项在 h 中为四阶,即当 $h \to 0$ 时,此项与 h^4 的比值接近一个常数,可写为

$$f(x+h) = f(x) + h\frac{df}{dx} + \frac{h^2}{2}\frac{d^2f}{dx^2} + \frac{h^3}{6}\frac{d^3f}{dx^3} + O(h^4)$$

同理可得

$$f(x-h) = f(x) - h\frac{df}{dx} + \frac{h^2}{2}\frac{d^2f}{dx^2} - \frac{h^3}{6}\frac{d^3f}{dx^3} + O(h^4)$$

将这两个表达式相加,并重排如下:

$$\frac{\mathrm{d}^2 f}{\mathrm{d}x^2} = \frac{f(x+h) - 2f(x) + f(x-h)}{h^2} + O(h^2)$$

因此，可以利用下式来近似 f 的二阶导数：

$$\frac{\mathrm{d}^2 f}{\mathrm{d}x^2} \approx \frac{f(x+h) - 2f(x) + f(x-h)}{h^2}$$

二阶导数近似引起的离散误差为 $O(h^2)$，可表示为

$$E = \left| f_{xx} - \frac{f(x+h) - 2f(x) + f(x-h)}{h^2} \right| \leq Ch^2 + O(h^4)$$

式中：C 为常数，取决于 f 的高阶导数，不随 h 而变化。当 h 足够小时，误差取决于 h^2 中的项。因此，f 的二阶导数近似于二阶精度。二阶导数还可能近似于其他更高或更低的精度[①]。

假设欲求解 $[a,b]$ 区间上的微分方程 $f_{xx} = g(x)$，其中 $f(a) = A$、$f(b) = B$。利用离散方法将该域划分为 N 个等长的子区间，以创建一个网格，使得 $x_i = a + (i-1)h$ 成立，其中 $h = (b-a)/N, i = 1, 2, \cdots, N+1$。在有限差分法中，将泰勒级数近似值代入微分方程，替代连续偏导数。因此，在每个内部网格节点 $i = 1, 2, \cdots, N$ 处，解 $f(x_i) = f_i$ 必须满足 $f_{i+1} - 2f_i + f_{i-1} = h^2 g_i$。在网格节点 0 处，第一类边界条件适用，所以 $f_0 = A$。在网格节点 $N+1$ 处，第二类边界条件适用，所以 $f_{N+1} = B$。在内部网格节点处，则有 $(N-1)$ 个未知值 f 的 $(N-1)$ 个离散方程。这些方程构成了一个线性方程组，可表示为 $\boldsymbol{Mu} = \boldsymbol{p}$ 的形式，其中 $\boldsymbol{M}$ 表示矩阵，$\boldsymbol{u}$、$\boldsymbol{p}$ 表示向量。由于二阶导数近似于二阶，所以这种控制方程求解法具有二阶精度。

2.2.3 数值问题

如前所述，离散误差是微分控制方程精确解与近似解或离散解之差的度量。关于离散误差的计算方法，详见 3.4.2.1 节。

离散方法的精度阶是指离散误差随单元尺寸的变化而趋近于零的速率。如果误差中的主项为 Ch^p，其中 h 为单元尺寸的度量值，C 是不随 h 而变化的常数，则离散方法具有 p 阶精度。在有限差分法中，基于不同精度阶来近似控制方程中不同项的现象并不罕见。流体流动中的平流项通常近似

[①] 本章中"阶"有两种常见用法：第一种是指微分方程中导数的最大数目；第二种见于"精度阶"中，表示离散近似值中 h 的最高幂，与第一种用法不相关。

于一阶精度,而扩散项近似于二阶精度。在此情况下,控制方程误差的整体行为将具有一阶精度。又如,若内部方程近似于二阶精度,但其中某个边界条件采用了具有一阶精度的近似值,则整体精度将为一阶。离散方法的总精度阶取决于精度最低的近似值。对于同时具有时间自变量和空间自变量的微分方程,一般都会针对时间和空间采用不同的精度阶。

当 $p>0$ 时,离散解可称为收敛的,即随着 $h\to 0$,离散解会收敛到精确解。如果偏微分算子的离散近似值收敛至连续偏微分算子,则有限差分离散法具有一致性。当精确解具有时间边界条件时,如果离散解保持受限于边界条件,则离散方法是稳定的。

2.2.3.1　Lax 等价定理

根据 Lax 等价定理,如果已采用一致离散方法来近似线性偏微分方程,则当且仅当该方法稳定时,离散解才能收敛。如果一个数值算法不收敛(并且等价定理适用),则该算法要么不稳定,要么不一致。对于偏微分方程代码,可以为该定理增设第三个条件:如果求解线性偏微分方程的代码正确实现了一致稳定的离散方法,那么该代码产生的离散解将能收敛。反之,如果代码不收敛,则方法不一致、不稳定,或者方法实现过程不正确。这些观测结果主要基于理论,因为大多数偏微分方程代码不能严格求解线性偏微分方程。

2.2.3.2　渐近机制

人们通常误认为二阶精度方法比一阶精度方法更精确(或者在 $p>q$ 时,p 阶精度方法比 q 阶方法更精确)。此说法仅在以下渐近意义基础上才成立。当 h 足够小时,离散误差 $E_1=Ch^p$ 小于离散误差 $E_2=Dh^q$,其中 C 和 D 为任意正常数。但这并不一定表示,对于任何 h,p 阶方法产生的数值解离散误差 E_1 总是小于应用 q 阶方法产生的离散误差 E_2。另外在两个不同网格上比较不同阶的方法时,由于网格尺寸 h 不同,所用方法的阶数越高,产生的离散误差不一定越小。例如,如果运行二阶方法的网格比运行四阶方法的网格更为精细,则二阶方法产生的误差可能小于四阶方法产生的误差。因此,关键是精度阶的表述是在渐近条件下的表述,只有在网格尺寸 h 足够小的情况下,表述才具有意义。如果网格非常粗(主观上),渐近行为会被其他效应所掩盖。因此,在代码验证时,确保结果处于渐近区域非常重要。渐近区域取决于网格尺寸 h,网格尺寸 h 是确保渐近表述(类似于此处提供的表述)正确的必要参数。

2.2.3.3 离散系统

理想情况下,在计算数值解时,人们希望尽可能缩小单元尺寸,以减少离散误差。然而,h 越小,代数方程组中的未知数就越多。因此,采用较小的网格尺寸 h 将会带来三个重要影响。第一,计算的离散误差较小。第二,需要更多的计算机内存来存储数据,但计算机内存是有限的,所以在缩小尺寸 h 时,存在一定限制。第三,未知数越多,求解代数方程组的时间就越长。在内存和时间限制变得重要之前,当今速度最快的计算机通常允许运行的代数方程组中的未知数为 1000 万到 1 亿个,与早期计算相比是一个巨大进步,当时只能有 100~1000 个未知数!未知数允许数量的增加,既提高了物理模拟的精度,也提高了数学模型和物理真实之间的保真度。

与示例方法对应的离散算法由两部分组成。第一,此算法(间接)描述了代数方程组系数和右侧项的计算方式。第二,此算法提供了关于方法精度阶的表述。本书采用以下术语:微分方程的数值算法包括离散算法以及代数方程组求解流程(通常称为求解器)。

求解器种类繁多,可分为直接求解器和间接求解器两个基本类别。直接求解器利用简单的算术运算(如矩阵行加法或乘法)消除线性方程组变量,高斯消去法、L-U 分解法和各种带状求解器均属于此类。间接求解器基于迭代法,将矩阵分解为易于求解的近似矩阵。例如,逐次超松弛法(successive over relaxation, SOR)、多网格法、预处理共轭梯度法,以及克雷洛夫子空间求解器。相较于直接求解器,间接求解器在未知数较多时求解的速度更快。所以目前在求解微分方程时,间接求解器的使用频率更高。

直接和间接求解器均有舍入误差。每次执行算术运算时,均有可能出现四舍五入。舍入误差不同于离散误差,但它们都不是由编码错误引起的。相对于离散误差,舍入误差通常可以忽略不计,除非根据代数方程组推导得出的矩阵是病态的。

运行间接(或迭代)求解器时,首先针对代数方程组中因微分方程产生的未知数给出一个初始猜想值;其次,每迭代一次,初始猜想值就更新一次,产生更接近代数方程组精确解的新猜想值。因此,迭代求解器会产生一种新类型的误差。这一新型误差出现的原因是,迭代流程需要设置迭代停止的标准。理想情况下,当最新迭代值"接近"(在某种技术意义上)离散解时,迭代将停止。精确代数解和迭代解之间的差值称为不完全迭代收敛误差(Incomplete iterative convergence error, IICE)。此误差不属于编码错误,而是由代数方程组求解时所用的数值方法引起的。如果采用了足够严格的迭代停止标准,不完全迭代收敛误差可以低至舍入误差的水平。

在前文中,微分方程的离散解被定义为通过离散化而产生的代数方程组解,并指出此解相当于数值解。此处对该术语加以完善(图 2.1),将离散解定义为代数方程组的精确解,并将数值解重新定义为利用求解器算出的解。数值解与离散解的区别在于舍入误差和不完全迭代收敛误差。与离散误差相比,数值解与离散解之间的差值通常很小,但也并不总是如此。

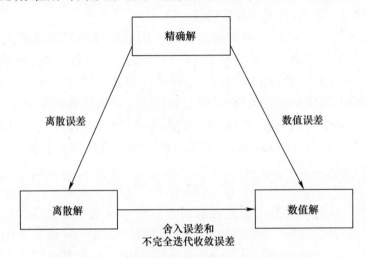

图 2.1　精确解、离散解和数值解之间的关系

微分方程的精确解和离散解之间的差值为离散误差,精确解和数值解之间的差值则为总数值误差,包括离散误差、舍入误差和不完全迭代收敛误差。若采用了严苛的迭代公差和良态测试问题,可确保数值误差与离散误差几乎相同。

值得一提的是,迭代求解器还有两个额外特征。其一,大多数求解器都有一个理论收敛速率,用于衡量当前迭代接近代数方程精确解的速率(在渐近意义上)。认真负责的开发人员会测试求解器,确保达到理论收敛速率。其二,因为迭代方法并不总是收敛到解,所以它们可能是发散的。当偏微分方程代码内的求解器出现发散时,通常会导致数值溢出(即代码崩溃),称为鲁棒性问题。如能保证求解器永不发散,或者在发散伊始就能停止迭代而不至于发生溢出现象,则称求解器具有鲁棒性。

关于求解常微分方程和偏微分方程的数值方法,有大量文献可供参阅[23-34]。

2.2.4 代码精度阶验证

本章最后将根据目前对微分方程数值算法的了解,重新审视精度阶验证对待验证偏微分方程代码的意义。第一章提出了代码验证的通用定义:证明偏微分方程代码正确求解其控制方程的过程。与其尝试更精确地定义代码验证,不如变更验证内容。乍看之下,这一变更似乎无关紧要,但却有着深远的影响。

2.2.4.1 定义:代码精度阶验证

验证(或确定)代码求解控制方程时所用数值算法的理论精度阶的过程。当代码观测精度阶与理论精度阶一致时,则代码精度阶通过验证。

在定义中,验证代码精度阶而非代码的思路具有下述明显优势。第一,精度阶验证是一个封闭式流程:代码观测精度阶要么与理论精度阶一致,要么不一致。两者一致与否,执行一定数量的测试即可查验。第二,此定义在时间方面几乎没有任何歧义。如果某一代码的精度阶通过验证,则此代码的验证状态将一直保持有效,除非代码出现重大修改。此表述不依赖于代码输入。第三,不定义代码验证,可以避免广义和狭义定义间的分歧。第四,代码精度阶验证过程的描述相对简单。本书的第三章至第五章阐述了偏微分方程代码精度阶的半机械式验证流程(OVMSP——基于人造解方法的精度阶验证)。第六章提出了一个显而易见的问题:验证偏微分方程代码精度阶的好处是什么?简而言之,答案就是,如果某一代码的精度阶已通过验证,那么该代码便不会存在编码错误,从而确保计算得到正确答案。

应该注意到,要确保偏微分方程软件符合预期用途,代码精度阶验证并非唯一要做的工作。关键点是,即使代码精度阶通过了验证,代码的鲁棒性或有效性仍然可能不如预期。除此之外,代码确认(即证明它是表达物理真实的适用模型)也是很重要的一环。本书并未讨论代码确认,但第七章简要论述了与代码精度阶验证相关的主题。

第三章 精度阶验证流程（OVMSP）

3.1 静态测试

在本章中，假设已开发了偏微分方程代码，并且需要测试。在测试之前，已经做了许多工作：选定用作物理系统建模的微分方程组，开发出用于离散和求解方程的数值算法，最后利用软件以及输入和输出路径等各种辅助功能实现数值算法。代码成功完成编译和链接。现在则去寻找开发阶段可能出现的任何编码错误或其他严重错误。

我们的主要目标是，在实际应用代码之前，验证代码的精度阶。在此之前，可以先采用一些静态代码测试方法。静态测试时无须运行代码，可将辅助软件（如常用的 Lint checker）应用于偏微分方程源代码，以确定计算机语言使用的一致性。这种检查是有效的，例如，查找未初始化的变量，检查调用语句和函数或子程序的参数列表是否相符。这类问题属于真正的编码错误，可在任何代码验证操作之前发现。但遗憾的是，严重影响偏微分方程代码的编码错误类型太多，它们无法都通过静态测试发现。

代码测试的下一阶段称为动态测试，这是因为动态测试时需要运行代码并检查相应结果。代码精度阶验证测试便属于动态测试，此外还有其他动态测试类型（详见附录 A）。动态测试能够识别编码错误，包括数组索引越界、内存泄漏和无意义计算（如除数为零）。

代码测试的最后一个阶段称为形式测试。在此阶段逐行通读源代码，仔细查找额外错误。形式编码错误是指静态或动态测试都无法检测到的错误。如果全面彻底地执行了动态测试，那么形式测试便不太可能再出现重大错误。

静态测试完成后，可以选择直接执行代码精度阶验证操作（见本章），也可以选择执行其他类型的动态测试（见附录 A）。在做选择时，应考虑到待验证代码是新开发的代码，还是已使用了很长时间的代码。如果是后者，代码很有可能已经历过大量动态测试，在此情况下，应直接进入代码精度阶验证操作。对于已测试过的代码来说，代码精度阶验证是发现错误的最好选择。如果代码相对较新且未经测试,可以认为其他动态测试是有效的,尤其是代码验证比运行大多数其他动态测试更为复杂。本书认为,在所有偏微分方程代码最终应用到真实情况前,都应执行代码精度阶验证。从这一观点来看,实施大量其他动态测试而导致精度阶验证推迟,几乎没有任何益处。除了少数个例外,精度阶验证能够比其他动态测试发现更多的编码错误。

3.2 动 态 测 试

本章就偏微分方程软件精度阶验证,提出正式的系统性验证流程,以证明软件正确实现了求解微分方程所用的底层数值算法。该流程设有一个明确的完成点,达到该点时,就可以利用网格加密有力证明:测试问题的数值解以正确速率收敛到了精确解。

图3.1展现了代码精度阶验证流程的详细步骤。在本章和接下来的两

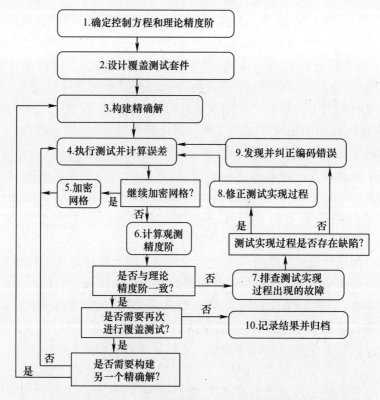

图 3.1 精度阶验证流程(OVMSP)

章中,会详细探讨每一个步骤。为了简化本章内容,两个最棘手的问题——基于代码的多路径覆盖和精确解的确定将分别放在第四章和第五章进行讨论。因此,第2步和第3步留待后文详细论述。

图3.1所示的验证流程属于半机械化的正式流程,但某些步骤(如第2步、第3步和第9步)可能还需依靠大量经验和技巧才能完成。如果处理得当,第4步至第6步或许可以采取自动化的方式。在此特别提醒读者注意,深入细致地执行这一流程可能相当乏味且耗时,完成时间从一天到数月不等,具体取决于待验证代码的复杂度。尽管如此,这一过程可以非常彻底地"剔除"重大编码错误。

本章先简要概述流程中的各个步骤,以便读者了解流程概况,然后再逐一详述具体步骤。

3.3 精度阶验证流程概述

进入图 3.1 所示 OVMSP 流程前,必须确定代码求解的控制方程以及离散方法的理论精度阶。然后设计一个测试问题,找到一个精确解,以便能与离散解进行比较。接下来,针对不同网格尺寸运行一系列代码,计算每次运行产生的全局离散误差(通常需要编写辅助软件,算出精确解和误差的值)。当所有运行结束时,利用全局误差,估计出代码观测精度阶。与理论精度阶相反,观测精度阶是代码在测试问题上运行时实际表现出的精度阶。理想情况下,观测精度阶和理论精度阶是一致的。如果不一致,则会怀疑存在编码错误,或者测试过程出错。在此情况下,应检查测试过程,确保精确解的计算、测试问题的代码输入、全局离散误差的计算以及观测误差的估计过程未发生任何错误。如发现测试过程存在问题,则之前的测试可能已经无效,因此需要在修正错误后予以重测。如在此过程中未发现任何问题,那么最为可能的情况是,偏微分方程软件中存在编码错误,即数值算法的实现过程出错。此时应持续寻找这个错误,直到发现为止。修正编码错误后,再次进行验证测试,以确定当前的观测精度阶与理论精度阶是否一致。多次重复上述循环过程直到得到一致的精度阶。如果不再继续运行覆盖测试,则报告相应结果并得出结论。

如果代码文件足以确定控制方程、理论精度阶和其他关键信息,则无须检查源代码即可开始精度阶验证流程。然而,根据经验,大部分代码文件都不够完整，无法将代码视为"黑盒"。有充分的实例表明，详细了解待验证代码，有助于完成覆盖测试套件的设计、代码输入的正确构建，以及结果的评估。此外，如果观测精度阶与理论精度阶不一致，则需检查源代码，以定位编码错误。总而言之，将大多数偏微分方程代码（包括所有选项）完全视为黑盒来验证其精度阶的想法过于乐观。如果必须将代码视为黑盒（如商业代码测试），通常仍可实施验证测试，但需降低标准，只验证部分选项的精度阶。

在正式的代码精度阶验证操作中，由于存在太多的利益冲突，让代码开发人员兼任代码测试人员的做法或许欠妥。理想的测试情况是，代码开发与测试由不同人员负责，当代码测试人员在遇到不可避免的问题时，可以向开发人员寻求帮助。这些意见只适用于正式的代码精度阶验证操作。在让他人使用或测试代码前，代码开发人员不能（或许应当可以）开展独立验证测试，这种想法毫无道理。

3.4 详细流程

3.4.1 流程开始（第1步～第3步）

第1步：确定控制方程和理论精度阶。首先，确定代码求解的控制方程组。如果你是代码开发员，这一步应该很容易；如果不是，可以事先阅读用户手册。若手册不够充分，可以尝试咨询代码开发人员，迫不得已还可参考源代码。如果不能确切地知道求解的方程，则无法验证代码精度阶。例如，仅知道代码求解的方程为 Navier – Stokes 方程是不够的，还须知道确切方程的全部细节。如需验证代码的全部功能，则必须知道全部功能都有哪些，例如，允许物质属性随空间而变化，还是保持恒定？通常复杂代码难以精确确定控制方程，特别是包含部分专利信息的商业软件。如果不能确定控制方程，那么代码使用的有效性将会受到质疑。毕竟如果不清楚求解的具体方程，就无法知道建模的具体物理系统。

此外，还须确定代码所用离散方法的总体理论精度阶。在某些情况下，理论精度阶可能难以基于文件来确定（甚至代码开发人员都不知道）。如果无法确定精度阶，建议放宽验证的"验收标准"，从"匹配理论精度阶"改为简单的收敛检查：误差是否随着网格尺寸的减小而趋近于零？相较于匹配精度阶标准，在收敛标准下发现的编码错误数目会减少，因此严苛程度有所降低。但对于任何偏微分方程代码来说,收敛仍是一项必要标准。本书主张尽可能采用更高的标准,因为无论采用哪种标准,验证流程涉及的工作量都基本相同。

此外,还应确定任何推导输出量(如通量计算值)的理论精度阶,目的是验证"解"的相应部分。

第2步:设计覆盖测试套件。详细步骤请见第四章。此处假设代码功能基本固定,用户无从选择,只能测试唯一一项功能。

第3步:构建精确解。详细步骤请见第五章。此处假设可以获得问题的精确解,目的是计算离散误差。

3.4.2 运行测试确定误差(第4步~第5步)

第4步:执行测试并计算误差。为了执行测试,必须确定与精确解匹配的正确代码输入,包括编写辅助代码计算源项输入。在第4步和第5步中,针对不同的网格尺寸和时间步长运行一系列代码。对于每次运行,均使用验证测试专用辅助软件,计算解及间接变量(如通量)中的局部离散误差和全局离散误差。在一系列运行完成后,即可进入第6步,计算观测精度阶。为了完成不同网格尺寸的测试,在第4步和第5步之间迭代,直到网格加密达到足够的程度。

3.4.2.1 计算全局离散误差

数值解由一组基于离散算法、网格和时间离散化确定的离散位置上的因变量组成。为了计算离散误差,可以采取多种测量方法。设 x 是 $\Omega \subset R^n$ 范围内的一个点,dx 为局部体积。为了比较 Ω 上的解析函数 u 和 v,$u-v$ 的 L_2 范数为

$$|u-v| = \sqrt{\int_\Omega (u-v)^2 dx} = \sqrt{\int_\Xi (u-v)^2 J d\xi}$$

式中:J 为局部变换的雅可比矩阵;$d\xi$ 为逻辑空间 Ξ 的局部体积。依此类推,对于离散函数 U 和 V,$U-V$ 的 l_2 范数为

$$|U-V| = \sqrt{\sum_n (U_n - V_n)^2 \alpha_n}$$

式中:α_n 为局部体积测量值;n 为离散解位置的指针。

由于精确解是连续的,可在与数值解相同的时间和空间位置上估计精确解的值。网格点 n 处的局部离散误差通过 $u_n - U_n$ 得到,其中 $u_n = u(x_n,$

y_n, z_n, t)是 x_n、y_n、z_n、t 处求得的精确解的值,U_n 是空间和时间上相同点处的离散解。归一化全局误差定义如下:

$$e_2 = \sqrt{\frac{\sum_n (u_n - U_n)^2 \alpha_n}{\sum_n \alpha_n}}$$

如果局部体积测量值为常数(如在均匀网格中),归一化全局误差(有时称为均方根误差)简化为

$$e_2 = \sqrt{\frac{1}{N} \sum_n (u_n - U_n)^2}$$

从这两个方程可以看出,如果对于所有 n,都有 $u_n - U_n = O(h^p)$,则无论局部体积测量值是否为常数,归一化全局误差均为 $O(h^p)$。基于这一事实,在计算离散误差时,不均匀的网格间距可忽略不计,以便完成代码精度阶验证。为了验证理论精度阶,需要获得网格加密时的误差趋势,而误差的实际大小无关紧要。因此,在代码精度阶验证操作中,可根据此处提及的任一方程,求出全局误差。依据同样的理由,也可采用下列公式:

$$e_2 = \sqrt{\sum_n (u_n - U_n)^2}$$

这些测得的任一误差趋势均可以用于估计代码精度阶。

无穷范数是求出全局误差的另一个有用范数,其定义如下:

$$e_\infty = \max_n |u_n - U_n|$$

在使用均方根或无穷范数计算全局误差时,应确保涵盖解计算时的所有网格点。尤其应当涵盖边界上网格点处的解或其附近的解,以便验证边界条件的精度阶。

通常情况下,偏微分方程软件不仅可以计算并输出相应的解,还可以计算并输出相关间接变量,如通量或气动系数(升力、阻力、力矩)。为了彻底验证代码,还应计算出"后处理"步骤得到的间接变量的误差,这是因为即使输出的间接变量不正确,解却很有可能是正确的。例如,偏微分方程代码将压力视为控制方程中的主要因变量进行计算。在求出离散压力解之后,代码利用以下表达式的离散近似来计算通量:

$$f = k \nabla p$$

因此,离散通量是在获得离散压力解之后算出的间接变量。如果通量精度

阶未经验证,那么后处理步骤中的编码错误可能会被忽略。

为了验证通量计算值(涉及解的梯度),可以使用以下全局均方根误差测量值:

$$e_2 = \sqrt{\frac{1}{N}\sum_n (f_n - F_n)^2}$$

式中:f_n 和 F_n 分别为精确通量和离散通量。精确通量是根据精确解的解析表达式计算得出的值(可借助于符号处理软件,如 Mathematica™)。离散数值通量由代码输出结果得到。应注意的是,通量计算值的理论精度阶通常低于解的理论精度阶。如果代码将间接变量纳入算法,用于计算主要的解,并且未在后处理步骤中再计算间接变量,则无须单独验证间接变量的精度阶。

重要的是,验证流程不受到任何特定误差范数的约束。例如,原则上可以使用均方根范数、最大范数,也可以二者兼用,这是因为如果任一范数中的误差为 p 阶,则另一个范数中的误差也为 p 阶。另一方面,在无穷范数中,观测精度阶与理论精度阶不一致的情况通常更为明显。

第5步:加密网格。网格加密主要是为了基于各种网格尺寸生成一系列离散解。为了确保有效,大多数离散解应位于渐近范围内。这意味着,网格足够精细时,如果没有编码错误,离散误差减小的趋势将使得观测精度阶与理论精度阶达到一致。如果所有网格均过粗,即使没有编码错误,观测精度阶也有可能无法匹配理论精度阶。幸运的是,精心设计测试问题,就可以确保以适度的网格尺寸达到渐近范围。

大多数现代偏微分方程软件都允许用户使用由其他代码生成的网格,而无须在软件自身的代码中生成网格,这种灵活的方式使得验证测试网格的生成相当方便。

3.4.2.2 结构化网格加密

对于有限差分(和有限体积)代码,应始终采用平滑网格来验证代码精度阶。主要原因是,如果使用非平滑网格,即使没有编码错误,也可能会降低观测精度阶。这种现象出现是因为使用非均匀网格时,网格导数会出现在变换后的控制方程中。只有当网格平滑时,变换才有效。例如,根据链式法则,在变换条件 $x = x(\xi)$ 下,$df/dx = (d\xi/dx)(df/d\xi)$。如果 $df/d\xi$ 和 $d\xi/dx$ 均以二阶精度进行离散,那么在网格平滑假设下,df/dx 的理论精度阶为二阶。如果使用的是非平滑网格,那么 df/dx 的观测精度阶可能为一阶。如果使用非平滑网格来验证代码精度阶,观测精度阶可能与理论精度阶不一致,由此让人误认为代码存在编码错误。

与此观测相关的一个实例是两种加密形式的对比:一种是将展宽一维网格物理单元二等分;另一种是将逻辑单元二等分。假设区间$[a,b]$上的展宽为一维的网格经光滑映射后得到下式:

$$x(\xi) = a + (b-a)\frac{e^{\gamma\xi}-1}{e^{\gamma}-1}$$

其中$\gamma>0$。设$a=0$、$b=1$、$\gamma=2$,并根据表3.1所示三个节点位置的映射构建一个平滑基础网格。如将逻辑域中的单元二等分(在$\xi=0.25$和$\xi=0.75$处增加节点),用以加密基础网格,则加密后的网格在表中第3列所示位置处具有物理节点。由于第4列中单元长度Δx呈渐增趋势,因此加密后的网格是平滑的。另一种方式,如将物理网格单元二等分来加密基础网格,则可获得第5列所示节点位置。这些节点位置位于不平滑的分段线性映射上,这正是第6列中单元长度突增的原因。因此,如将平滑基础网格的物理单元二等分,加密后便不会形成平滑网格。

表3.1 一维网格加密

基础网格		逻辑加密		物理加密	
x	Δx	X	Δx	x	Δx
0.0000		0.0000		0.0000	
	0.2689	0.1015	0.1015	0.1344	0.1344
0.2689		0.2689	0.1674	0.2688	0.1344
	0.7311	0.5449	0.2760	0.6344	0.3656
1.0000		1.0000	0.4551	1.0000	0.3656

为了验证偏微分方程代码,需生成多套加密程度不同的网格。创建网格时,可以先建一套粗网格再加密,也可以先建一套细网格再粗化。第一种方法是,创建一套基础网格,然后在逻辑空间中加密此网格,创建出更小的单元。在此情况下,无须倍增网格便可获得下一个加密级别。根据3.4.3节所示公式,选取任何加密常数因子(如1.2节)都可以实现。因此,可以先构建出由100个单元组成的一维基础网格,再加密至120个单元,然后加密至144个单元。如前所述,加密现有物理网格点集时,必须小心谨慎,否则将会导致网格不再平滑。对于非均匀网格,需在逻辑空间上

加密网格,然后利用映射来确定加密后物理网格点的位置。因此,为了保持网格加密后的平滑度,对于使用结构化网格的代码,建议采用解析公式。例如,为了测试使用二维贴体网格的代码,常采取以下变换公式:

$$x(\xi,\eta) = \xi + \varepsilon\cos(\xi+\eta)$$

$$y(\xi,\eta) = \eta + \varepsilon\cos(\xi-\eta)$$

式中:ε 为控制均匀正方形变换的变形参数。

对于精度阶验证操作,另一种生成一系列网格的方法是取消加密或粗化,即先构建一套尽可能细的网格,然后每隔一个点移除一个,得到更粗的网格。这种方法有两个优点。第一,与加密的情况不同,如果最细网格是平滑的,那么粗化后的物理网格即便粗糙但也平滑。粗化过程无须底层解析映射。第二,针对给定的测试问题,确定代码可用的最细网格,可以避免第一种方法的潜在问题,即由于内存或速度的限制,无法在计算机上运行根据固定加密比率生成的最细网格。然而,网格粗化的缺点在于,最小可能加密因子达到了 2.0。

3.4.2.3 非结构化网格加密

许多偏微分方程代码采用没有底层全局映射的非结构化网格。如果代码需要采用三角形单元或四边形单元构成的非结构化网格,则难以精确地直接控制网格尺寸 h 以及单元或节点的数量。有一种方法可以解决这一问题。首先,创建一系列由四边形单元或六面体单元组成的结构化网格,利用结构化网格确定网格尺寸 h;其次,将每个四边形单元细分为两个三角形单元,将六面体单元细分为六个不重叠的四边形单元,无须创建任何新的网格节点来增加自由度数。三角形单元或四边形单元的尺寸取决于结构化网格元的尺寸。例如,如果问题域是边长为 L 的正方形,则可创建 4×4、8×8 和 16×16 的结构化基础网格,相应的 h 值为 $L/4$、$L/8$ 和 $L/16$,即 h 以 2 的倍数均匀递减。如将各四边形单元细分为两个三角形单元,那么非结构化网格就分别包含 32 个、128 个和 512 个三角形单元。

如果代码采用非结构化四边形网格,则可先创建平滑的细网格,将域面积除以四边形单元的数量开平方,便可求出平均尺寸 h:

$$h = \sqrt{\frac{A}{N}}$$

利用 Paving - type 算法创建的非结构化四边形网格可被视为多块结构

化网格。因此,构建粗网格时,可以采取网格块粗化法。由于大多数非结构化六面体网格也由多个结构块组成,因此可以采用相同程序来生成一系列加密程度不同的三维网格。

如果代码允许使用非结构化网格,那么就要利用非结构化网格来验证代码精度阶,否则某些编码错误可能会被忽略。尽管如此,使用结构化的非平凡网格也能发现许多编码错误。

3.4.3 解释测试结果(第6步~第10步)

第6步:计算观测精度阶。在第4步和第5步中,利用一系列不同网格,针对测试套件的固定构件运行了代码,并计算了各网格的全局离散误差。第6步将利用总离散误差来估计观测精度阶。

离散误差是 h 的函数,其中 h 为网格间距:

$$E = E(h)$$

对于一致的方法,解的离散误差与 h^p 成正比,其中 $p>0$,表示离散算法的理论精度阶,即

$$E = Ch^p + \text{H. O. T.}$$

式中:C 为与 h 无关的常数;H. O. T. 为高阶项。假设解足够光滑,则上述误差的说明适用于各种一致的离散方法,如有限差分法、有限体积法和有限元法。如果 $p>0$,那么离散格式是一致的,这意味着当 h 趋于零时,连续性方程重新获得。请注意,理论精度阶与计算机代码中离散格式的实现过程无关。相反,如果测试问题使用了一系列网格加密处理时,计算机代码将呈现出观测精度阶。如果离散格式已在代码中正确实现,那么观测精度阶将与理论精度阶一致。

对于正在验证的代码,如需估计其观测精度阶,则应作出以下假设:当 h 减至零时,高阶项由离散误差第一项决定。这相当于假设达到问题的渐近范围。根据验证测试问题的数值解,可算出两套网格上的全局离散误差,即 $E(\text{grid}_1)$ 和 $E(\text{grid}_2)$。如果 grid_1 的尺寸为 h,grid_2 的尺寸为 h/r,其中 r 表示加密比率,则离散误差为

$$E(\text{grid}_1) \approx Ch^p$$

$$E(\text{grid}_2) \approx C\left(\frac{h}{r}\right)^p$$

因此,离散误差率为

$$\frac{E(\text{grid}_1)}{E(\text{grid}_2)} = r^p$$

根据以下表达式估计观测精度阶 p:

$$p = \frac{\log\left(\frac{E(\text{grid}_1)}{E(\text{grid}_2)}\right)}{\log(r)}$$

在网格加密比率恒定的情况下,系统的网格加密过程会产生一系列离散误差,从而产生一系列观测精度阶。观测精度阶应趋向于离散方法的理论精度阶。将离散误差减小到零,需要足够高的数值精度,以及超出可用计算机资源的网格节点或单元数量。因此,通常不应期望观测精度阶与理论精度阶的一致趋势超过两个或三个有效数字。

将公式中的网格尺寸 h 替换为时间步长 Δt 后,便可计算出时间观测精度阶。因此,用于估计空间观测精度阶的表达式也可以用于估计时间精度阶。

第 6 步完成后,流程将出现一个分支点。在某些情况下,观测精度阶略高于理论精度阶,意味着测试问题可能过于简单。常见的解决方法是,变更与精确解相关的某些输入参数,提升问题的复杂度。如采取此种方法,应重新进行测试。观测精度阶通常小于或等于理论精度阶①。如果观测精度阶明显低于理论精度阶,则转至第 7 步"排查测试实现过程出现的故障"。如果观测精度阶等于理论精度阶,则进入另一个分支点:"是否需要再次进行覆盖测试?"

第 7 步:排查测试过程出现的故障。如果理论精度阶大于观测精度阶,应考虑以下三种可能性:

(1)测试公式或设置可能出现错误,包括测试问题代码输入错误、精确解推导错误。

(2)结果评估可能出现错误。用于计算精确解或离散误差的辅助软件可能包含编码错误。常见错误包括在网格上的错误位置(相对于离散解位

---

① 在极少数情况下,超收敛行为可能表明,代码精度阶的理论值高于认定的值,但至今尚未发生这种情况。

置)估计精确解。例如,在单元中心处计算了离散压力,但在单元节点处计算了精确压力。也有可能是网格不够精细,没有位于渐近范围;在此情况下,需使用更细的网格再次运行。

还应考虑到,认定的数值方法理论精度阶与实际的理论精度阶可能存在一定偏差,也就是说,代码测试人员存在误解。如果实际的理论精度阶低于认定的值,那么精度阶仍有可能达到理论精度阶。不太可能出现的情况是,实际的理论精度阶高于认定的值,此时代码精度阶的验证可能会出现错误。例如,如果离散格式的理论精度为四阶,但却错误认为它是二阶,并且观察到的精度也为二阶,那么就会得出错误的结论,即代码精度阶已通过验证。

(3) 不完全迭代收敛或舍入误差可能较大,导致结果出现偏差。如果代码使用迭代求解器,则须确保迭代停止标准足够严苛,使得数值解接近于离散解。通常情况下,在精度阶验证测试中,会将迭代停止标准设置为刚好高于机器精度的水平,避免出现上述偏差。

第7步完成后,将进入下一个分支点:"测试过程是否存在缺陷?"如在考虑了第7步的三种可能性后发现了测试实现过程存在的问题,则进入第8步"修正测试过程"。如未发现测试过程存在问题,则进入第9步"发现并纠正编码错误"。

第8步:修正测试过程。通常来说,一旦发现任何缺陷,修正测试过程是相当简单的方式。直接解决发现的问题,并根据需要重复第4步和第5步的部分环节。

第9步:发现并纠正编码错误。如果认为测试实现过程的所有缺陷均已消除,但精度阶仍未达到预期,则须考虑偏微分方程软件存在编码错误的可能性。

观测精度阶和理论精度阶不一致的情况通常意味着存在编码错误,但仅凭这种不一致,无法定位到具体的错误。这种错误可能出现在代码的任何部分。第六章将详细阐明能够引起观测精度阶和理论精度阶不一致的编码错误类型。

如果怀疑存在编码错误,可以利用排除法完成附加测试(原始覆盖测试套件未涵盖的测试)来缩小错误范围。例如,在涉及瞬态计算的测试中,如果观测精度阶和理论精度阶之间存在差异,则下一步可以尝试稳态测试,确定观测精度阶和理论精度阶是否达成一致。如果一致,那么编码错误一定与算法的时间导数或时间推进部分的实现方式相关联。如果不一致,那么编码错误(如果只有一个)一定与算法空间部分的实现方式相关联。一般情况下,无须针对附加测试构建一个全新的精确解。在上述例子中,只需简单地将精确瞬态解的比热设置为零,便可获得稳定解。如果怀疑编码错误与算法的空间实现相关,可以将人造解专门转化为恒定的物料特性数组。转化后,如果观测精度阶与理论精度阶一致,则编码错误一定与物料特性数组的处理方式相关。因此,在简化微分算子的各种系数后,可以精确定位到出现错误的算法部分。对于边界条件,也可以采取类似的方法发现特定边界条件实现过程存在的错误。例如,如果热量计算表明存在编码错误,则可尝试设置一组不同的边界条件。在此组不同条件下,如果观测精度阶与理论精度阶一致,那么编码错误一定与原始边界条件的实现相关。

一旦识别到编码错误,就应纠正此错误,并重复进行测试(第4步至第6步),以确定是否还存在其他错误。

如果已完成测试,并且精度阶达到了理论精度阶,则进入流程的另一个分支点:"是否需要再次进行覆盖测试?"如果需要,则应考虑是否需要"另一个精确解"。如下一章所述,一些覆盖测试需要额外的精确解,而有些则不需要。如果无须额外的精确解,但需再次进行覆盖测试,则返回第4步,利用不同的代码输入重复网格收敛研究。如果无须额外的精确解,但需构建一个新的精确解,则返回到流程第3步(实际上,在继续第3步之前,最好针对所有覆盖测试构建精确解)。如果无须再次进行覆盖测试,则转到第10步。

第10步:报告验证测试的结果和结论。如果已完成所有覆盖测试,并且所有测试中的观测精度阶均与理论精度阶一致,则可报告验证测试的结果和结论。根据定义,代码精度阶通过了验证。测试结果应记录在案。

3.5 小　　结

除非修改代码,否则一旦代码精度阶通过验证,此流程就正式结束。代码修改过程可能会引入编码错误,影响到精度阶。如果初始验证流程和结果已记录在案,并且辅助代码均已存档,那么代码精度阶的重新验证就会相对简单。但是,在某些情况下(例如,在控制方程中增加了一个额外方程),

可能需要构建一个新的精确解。

为了完成整个精度阶验证流程的演示,第四章和第五章将分别介绍覆盖测试相关问题和精确解确定方法。精度阶验证测试完成后,应考虑还存在哪些类型的编码错误,第六章将对此展开详细论述。

第四章 设计覆盖测试套件

4.1 基本设计问题

现代用于物理现象仿真模拟的偏微分方程代码可能非常复杂,包含各种各样的功能和选项。例如,Navier – Stokes 代码可能涵盖瞬态和稳态流、可压缩流和不可压缩流、各种边界条件、不同湍流模型和求解器等选项。这些不同的选项通常(但不总是)在代码中表现为互斥的平行路径。图 4.1 为典型偏微分方程代码的流程图,显示了可执行的各种选项和路径。如需验证代码精度阶,应在执行精度阶验证流程时,尽早确定代码中所有可能的路径,这一点至关重要(图 3.1 所示精度阶验证流程第 2 步)。

由于单个测试用例不能测试多条路径,所以上一章所述的验证流程包括一个循环,以确保所有相关路径均经过测试。因此,在经过一系列测试,并确认观测精度阶与理论精度阶一致后,应考虑是否需要进行额外测试,确保完全覆盖。如需额外测试,则进入下一个分支点,考虑是否需要不同的精确解来执行下一次测试。如果不需要,则直接进入第 4 步,开始下一次测试。如果需要另一个精确解,则可返回到第 3 步,针对覆盖套件中的下一个测试问题确定一个精确解。然而实际上,建议在开始第一次测试之前,就确定所有需要的精确解,避免在一系列覆盖测试期间,出现无法确定某个测试精确解的尴尬局面。如果事先知道这一点,设计覆盖测试套件的方式会有所不同。

不是每一个代码选项都需要测试,这取决于具体的代码用途。例如,如果某些选项未被使用,或了解到某些选项很快会被重写,则可省略这些选项的测试。如果之前已经验证了代码精度阶,那么只需重新测试代码中修改过的部分。

为了设计出有效的覆盖测试套件,首先应确定对哪些功能开展精度阶验证。最终验证报告应说明代码所有的功能和选项,对每项功能是否开展验证的原因,并列表说明每项测试验证的代码功能。

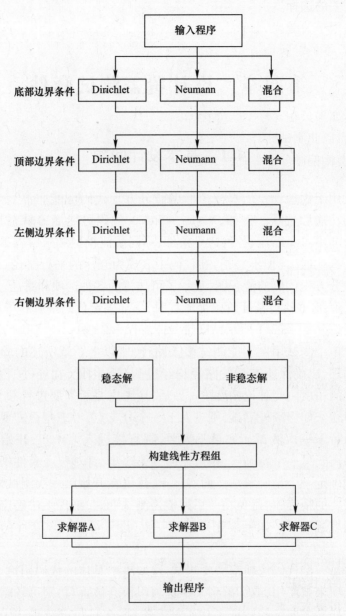

图4.1 典型偏微分方程代码的简化流程图

在决定哪些代码功能需要测试时,应考虑三个不同的粒度级别。对于最高级别,存在互斥的选项和功能,如求解器的选择。在此情况下,应列出想要验证的求解器。对于粒度稍微精细一点的级别,通常在给定选项中有与输入相关的选择。例如,假设代码能够模拟各向异性张量热导率。如果此功能将用于关键问题的模拟,则必须对其进行验证。利用标量热导率进行的测试,不足以证明张量热导率已经过充分测试。在此示例中,仅测试了利用标量热导率进行模拟的能力,在完成非标量热导率测试之前,只能声称这一种能力得到了证实。再举个例子,假设代码的通量边界条件为 $k\nabla u = p$ 的形式。如果只在 $p=0$ 时进行测试,则可能检测不到处理 p 项时产生的编码错误,所以此测试不足以证明通量边界条件通过了验证。为了强调这一点,建议遵循偏微分方程代码精度阶验证测试的基本规则:永远测试代码中预期将会使用的最通用的能力。尽管显而易见,但还是要再强调一点,对于已测试的代码功能,应实事求是地进行说明。在这一点上,人们很容易自欺欺人或者忘记实际上得到证实的功能。这些示例表明,覆盖测试的设计,不仅仅是决定哪些选项需要进行测试。

但是,在设计时,首先还是应列出所有代码选项,并确定需要验证的重要选项。如果代码有 N 个独立(串行)功能要确定,并且每个功能都包含 M 个选项,那么代码就会有 M^N 个可能路径。幸运的是,代码精度阶的验证无须做 M^N 个测试,也就是说,无须做组合测试。例如,假设代码有 2 个求解器选项和 3 种本构关系可供选择,虽然代码有 6 种可能的组合路径,但是只需执行 3 个覆盖测试便可完成验证。例如,只运行 3 个测试就能实现完全覆盖:①带有本构关系 1 的求解器 1;②带有本构关系 2 的求解器 2;③带有本构关系 3 的求解器 1 或 2。测试 1 就足以确定求解器 1 是否正常运行,而测试 2 也足以确定本构关系 2 是否正常运行,所以无须执行涉及任何组合的测试(例如求解器 1 和本构关系 2 的组合)。因此,在此示例中,代码验证所需的覆盖测试数量最少为 M(即一个功能中选项的最大数量),而不是 M^N。

当然,在设计覆盖测试套件时,无须以运行数量最少的测试为目标,虽然这样可能会使精度阶验证的工作量最小。然而在某些情况下,采用最小的测试套件反而会增加工作量,这是因为同时测试多个代码功能时,验证流程第 9 步(查找编码错误)的难度增大,即如果测试失败,编码错误的查找范围就会变得更大。相反,如果设计了一个更系统的测试套件(在设计时,不追求尽可能减少测试的数量),测试数量可能会增加,但如果测试失败,代码错误查找范围将缩小。在具有 2 个求解器和 3 种本构关系的代码示例中,可以执行以下 4 个测试:①带有本构关系 1 的求解器 1;②带有本构关系 2 的求解器 1;③带有本构关系 3 的求解器 1;④带有本构关系 1 的求解器 2。

在这4个测试中,第一个测试无疑是风险最大的。因为在第一个测试中,如果怀疑存在编码错误,则须在求解器和本构关系程序中(以及代码中处理内部方程的部分)寻找。通过第一个测试后,如果在测试2中怀疑存在编码错误,只需在第二种本构关系程序中寻找。因此,应在减少测试数量和减少编码错误(如有发现)追踪工作量之间做出权衡。如果怀疑代码具有出现很多编码错误,则设计测试套件时最好采取系统化方法,而不是试图将测试数量减至最少。显然,设计一个有效的覆盖测试套件需要一定技巧和经验。所以,在第2步中花费足够的时间,可以节省测试后期的时间,这一点至关重要。

4.2 与边界条件相关的覆盖问题

在设计覆盖测试套件时,需特别考虑边界条件选项的情况。大多数偏微分方程代码给用户提供了多种可供选择的边界条件类型。与许多其他代码选项不同,边界条件类型不必相互排斥,即选择了通量边界条件选项后,还可以在同一问题中另一部分边界使用Dirichlet边界条件选项。显然,各个边界条件选项均需经过测试,但是至少应执行多少个测试呢?为了回答这个问题,人们必须意识到,许多偏微分方程代码都包含多个不同部分,用于处理边界特定部分的边界条件。例如,对于计算域为二维矩形的代码,其"底部"边界上实现边界条件的一段代码通常与"顶部"边界上实现边界条件的另一段代码大不相同。如果底部和顶部边界都有通量边界条件选项,则须在两个边界上均测试通量条件。假设一个代码包含N个不同代码段,用于处理边界的不同部分,并且每个代码段有M个可能的边界条件选项(类型),那么至少应执行M个测试。例如,对于二维矩形域的四个边界("底部""顶部""左侧"和"右侧"),如果每一个边界都具有Dirichlet或Neumann条件,则只需执行表4.1所示两个测试,便可实现完全覆盖。

表4.1 二维矩形域边界测试示例

	顶部	底部	左侧	右侧
测试1	Dirichlet	Neumann	Dirichlet	Neumann
测试2	Neumann	Dirichlet	Neumann	Dirichlet

众所周知,Neumann条件下的解不具有唯一性。因此,在这个示例中,应谨慎地构建测试,以避免出现四个边界均属于Neumann条件的情形。

一般来说,如果计算域边界的某一部分使用单独的代码处理,那么应测试所有的边界条件,以便实现完全覆盖。此外,这一观测结果表明,在某些情况下,将代码完全视为黑盒可能是不够的。除非检查源代码,否则无法确定边界处理有多少个不同的代码段。

本书特此就边界条件测试提供进一步的意见。首先,建议执行初始覆盖测试时,应尽可能首先测试内部方程。因为所有的边界条件选项都使用同一组内部方程,所以最好在考虑各种边界条件选项之前,确保内部方程的正确性。最简单的内部方程测试方法是,首先针对整个边界使用 Dirichlet 边界条件。当利用精确解来计算 Dirichlet 边界条件输入数据时,如果 Dirichlet 边界选项没有编码错误,则边界上离散误差将为零。检查解的局部误差图,可以快速确定这一点。如果边界误差确实为零,那么剩余误差(如果有)一定是内部方程产生的。因此,初始测试既测试了 Dirichlet 边界条件选项,更重要的是测试了与后续边界条件测试独立无关的内部方程。在后续边界条件覆盖测试期间,任何遗留的编码错误肯定都存在于与边界条件相关的代码段。因此,可以采用消去法简化验证流程。如果未遵循此测试流程,那么执行第 9 步(查找编码错误)的难度可能就会增大。

关于边界条件,最后再提一点,在测试代码中各种边界条件选项时,如果选择物理上特别不现实的边界条件来构建测试,那么此测试中代码解可能不会收敛。在此情况下,就必须重新设计测试问题。例如,如果 Navier - Stokes 代码存在入流边界条件和出流边界条件,这种情况就可能会发生。为了解决收敛性的问题,重新设计测试问题的难度并不大,因为可以灵活地选择所用边界条件类型和位置的各种组合。

4.3 与网格和网格加密相关的覆盖问题

网格加密可用于获得一系列网格上的离散误差。由于希望验证代码最通用的功能,所以应生成适用于代码的最通用网格。例如,如果代码使用附体坐标,则不应设计使用直边计算域的测试问题。如果代码使用的是拉伸张量积网格,则不应在均匀网格下进行测试。如果代码使用了单块结构化网格,则不应在两个逻辑方向上使用相同数量的网格单元,除非代码只能按照这种方式运行。如果代码使用了四边形有限元网格,则不应使用矩形有限元网格。如果代码允许使用非均匀时间步长,应确保测试问题涉及该功能。遵守了这些规则后,便能发现许多编码错误。

　　依据第2步构建的完整覆盖测试套件包括:①将要进行测试和不进行测试的代码功能列表;②各功能测试级别的说明(如全张量热导率或仅标量);③将计划进行的测试进行列表或说明;④在每个测试中,测试到的控制方程子项的说明。完成这一步后,进入第3步,针对各测试构建精确解。

第五章 确定精确解

根据第三章规定的正式精度阶验证流程,为了计算离散误差,应确定控制方程的精确解析解(第3步)。从严格意义上讲,精确解的确定过程是一种数学操作,与数值解的获得过程不同。可以通过求解正问题或反问题,解析地确定精确解。但是,为了遵守偏微分方程代码验证测试的基本规则,通常情况下,必须通过求解反问题确定,这种求解方法被称为人造精确解方法(MMES)。

5.1 利用正问题获得精确解

传统上,一般在给定系数、源项、边界和初始条件的情况下求解微分方程。例如,假设需要获得精确解的偏微分方程形式如下:

$$Du = g \tag{5.1}$$

方程定义在边界为 Γ 的某个域 Ω 上,其中,在 Γ_1 上,$u = p$;在 Γ_2 上,$\nabla u \cdot N = q$,在 t_0 时刻,$u = u_0$。

在正问题中,已知算子 D、源项 g、边界为 Γ 的域 Ω、边界条件函数 p 和 q,以及初始条件 u_0 和 t_0,求精确解 u。

正问题的精确解可以用数学方法求出,例如,变量分离法、格林函数或积分变换法(如拉普拉斯(Laplace)变换)。这些方法非常精巧,且已发展成熟,所以本书并未详尽讨论这些方法。对于某些广泛研究的控制方程,有大量可供参阅的公开文献,其中包含简化后微分方程的精确解。

求解正问题时,通常会对微分方程做简化假设,可能包括常系数(不随空间变化)、问题降维以及计算域简化(如矩形、圆盘或半无限域)。但是,在偏微分方程代码验证测试中,微分控制方程的复杂度必须与待验证代码功能一致。因此,这种简化方式与偏微分方程代码验证测试的基本规则直接冲突。例如,如需应用 Laplace 变换,则须假设偏微分方程的系数为常数。因此,基于变换法产生的精确解,将无法充分测试具有模拟非均匀材料能力的偏微分方程代码。

另一种根据正推法确定精确解的常用方法是,利用一维比拟来近似处理高维问题。一维解显然不足以验证通常用来模拟二维和三维现象的代码,故此类测试可能无法检测到大量编码错误。

精确解通常依赖于形状简单的物理域,例如矩形或圆盘。许多现代计算机代码可以使用有限元网格或附体网格在非常通用的外形中模拟物理现象。在简单域上比较精确解的方法,无法充分测试代码在复杂几何形状上的模拟能力,这是因为在这些假设下,控制方程中的许多度量项变得微不足道。在简单的几何形状上执行测试,将无法检测到度量项处理过程中的编码错误。

利用正问题获得的精确解可能包含奇点(解趋近于无穷的点)。对于包含奇点的问题,数值方法通常会失去精度阶。因此,当存在奇点时,光滑处具有二阶精度的数值方法仅能呈现出一阶精度。如果使用了包含奇点的精确解,就无法确保数值方法的观测精度阶与理论精度阶一致。在这些情况下,由于网格量存在限制,甚至很难证明解的收敛性。

上述意见也适用于包含激波或其他接近间断的精确解。虽然这些解可能在物理上是现实的,但由于计算机资源有限,甚至可能无法证明解的收敛性。

在验证偏微分方程代码精度阶时,正推解最大的缺点之一是,几乎需要针对每一种待测试的边界条件类型构建一个精确解。根据前一章内容,为了完整覆盖所有代码功能,必须使用所有的边界条件测试边界的每个部分,以确定边界条件是否包含编码错误。通常情况下,很难产生必要的多种精确解,而利用反问题获得精确解就不存在这一缺点。

如果不简化控制方程,就无法求出给定复杂正问题的解析解,这一情况并不少见,尤其是在求解现实物理模型时,正问题可能涉及非线性算子、耦合方程、复杂边界条件、空间可变系数和复杂几何域。如果坚持只使用正推法生成精确解,则须采取简化方法(但不能充分测试相关代码功能),否则就会失败。只使用正推法的主要限制在于,很难创建涵盖所有需要验证的代码功能的全面的测试套件。

附录B还论述了正推法的另一个缺点(与其实现过程相关)。幸运的是,5.2节所述的反推法可以有效消除因只使用正推法而导致的大部分的测试缺口。

5.2 人造精确解法

在反问题中,最开始会忽略边界和初始条件,重点关注微分控制方程的内部方程,利用人造精确解法生成反推解。

在示例中,反问题是指:设一个表示精确解的人造函数 u 和一个微分算子 D,找到相应的源项,使得

$$g = Du \qquad (5.2)$$

人造精确解法首先选择解,然后确定源平衡控制方程的源项。源项在控制方程中是以孤立项形式存在的,因此根据精确解进行计算非常容易。即使代码使用了附体坐标或有限单元,人造解也是写为物理变量的形式。正如本书前文所述,内部方程的解(无边界条件下)通常是不唯一的。在代码验证中,这种特性为解的构建提供了较大的灵活性。本质上,几乎任何充分可微的函数均可以成为人造解。当然,如果控制方程是微分方程组,则须为方程组的每个因变量构造一个人造解。

根据5.2.1节所述的限制条件,选择精确解 u。算子 D 的形式取决于正在测试的偏微分方程代码。在5.2.2节所述限制条件下,选择算子系数的特定函数。确定了 D 和 u 后,就可将算子应用于精确解,确定源项 g,内部方程求解完成。边界和初始条件的相关内容将在5.3节作探讨。

5.2.1 人造解构建准则

在构建人造解时,为了确保测试的有效性和实用性,建议遵循以下准则。通常情况下,根据以下准则构建人造解并不难。

(1) 人造解在问题域上应足够光滑,确保测试中获得的观测精度阶与理论精度阶一致。光滑性不够可能会降低观测精度阶(特例见本列表中的准则7)。

(2) 解应足够通用,可以测试到控制方程中的每一项。例如,在非稳态热方程中,不应选择与时间无关的温度 T。如果控制方程包含空间交叉导数,则应确保人造解具有非零交叉导数。

(3) 解的非无效导数应足够多。例如,如果求解热传导方程的代码在空间中具有二阶精度,那么选择 T 作为时间和空间的线性函数,将无法确保测试的充分性,这是因为即使在粗网格上,离散误差也会为零(舍入误差范

围内)。

(4)解的导数应以一个小的常数为界,以确保解不是随空间或时间或这两者的强变函数。如果不符合这一准则,那么就不能基于现实尺度的网格来证明解的渐近精度阶。通常可以选择人造解中的自由常数来满足这一准则的要求。

(5)在测试期间,人造解不得阻碍代码的运行。鲁棒性问题并不是代码精度阶验证流程的一部分。例如,如果代码(显式或隐式)假设解为正解,应确保人造解为正值;或者如果热传导代码的时间单位需为秒,则不应给出单位为纳秒的解。

(6)为了便于准确地计算精确解,人造解应由简单的解析函数构成,如多项式函数、三角函数或指数函数。如果精确解由无穷级数或带有奇点的函数积分构成,则不便于进行计算。

(7)解的构建方式应确保控制方程的微分算子有意义。例如,在热传导方程中,通量要求可微。因此,如果需要在热导率存在间断的情况下测试代码,那么构造的温度人造解必须确保通量可微(参见 Roache 等[10]的论文,了解相关操作示例)。最终温度的人造解是不可微的。

(8)应确保人造解不随时间呈指数增长,以免与数值不稳定性混淆。

5.2.2 系数构建方针

在构建人造解时,可以自由选择微分算子的系数,但具有一定限制条件,类似于解函数的限制条件。

(1)为了便于准确地计算,系数函数应由多项式函数、三角函数或指数函数等解析函数组成。

(2)系数函数应为完全通用的非平凡函数。例如,对于热传导方程,除非是代码最通用的功能,否则不应选择单个常数标量热导率作为张量热导率。为了测试代码全部功能,应将热导率选定为全张量。精心设计的代码将能够处理热导率空间不连续的情况,所以也应包括相关测试(参见 Oberkampf[35] 或 Oberkampf 和 Trucano[36] 的文献,了解相关操作示例)。

(3)系数函数(通常代表材料特性)在物理上应具有一定合理性。例如,虽然可以构建比热为负值的微分方程解,但这违反了能量守恒,并且可能导致代码出现鲁棒性问题。又如,热导率张量在数学上应为正定对称的,以便方程是椭圆型方程。如果人造解的构建违反了该条件,则可能再次与代码中的数值鲁棒性问题发生冲突(例如,如果使用迭代求解器,则可能在设计迭代方案时做出对称正定的假设)。因此,一般来说,系数函数应始终确保在计算域内每个点处保持微分方程的类型。但也无须过分强调物理上现实。尽管没有任何材料的热导率会像正弦函数那样变化,但通常这是一个有益的选择。

(4) 系数函数必须充分可微,微分算子才有意义。例如,不应构建在计算域内包含奇点的系数函数。

(5) 系数函数应在代码适用范围内。如果代码期望热导率不小于软木热导率,则不应提供热导率接近于零的问题。同样,代码精度阶验证并非用于测试代码的鲁棒性。

(6) 应合理选择系数函数,以确保最终数值问题是良态的。如果不满足这一条件,由于计算机的舍入误差,数值解与离散解可能明显不同(见图2.1)。

5.2.3 示例:人造解构建

作为示例,将人造精确解构建方法应用于热传导方程:

$$\nabla k \nabla T + g = \rho C_p \frac{\partial T}{\partial t} \tag{5.3}$$

需要构建在空间和时间上光滑的解析函数,并且确保温度为正值。满足这些要求以及5.2.1节中其余准则的函数为

$$T(x,y,z,t) = T_0 \left[1 + \sin^2\left(\frac{x}{R}\right) \sin^2\left(\frac{2y}{R}\right) \sin^2\left(\frac{3z}{R}\right) \right] e^{t(t_0-t)/t_0} \tag{5.4}$$

要注意的是,选择的解包含任意常数 T_0、R 和 t_0。需确定这些常数的合理取值,确保解及其导数足够"小",以满足关于人造解构建的第五条准则。微分算子包含热导率系数、密度和比热。根据5.2.2节规定的准则,选择以下函数:

$$\begin{cases} k(x,y,z) = k_0 \left(1 + \dfrac{\sqrt{x^2+2y^2+3z^2}}{R} \right) \\ \rho(x,y,z) = \rho_0 \left(1 + \dfrac{\sqrt{3x^2+y^2+2z^2}}{R} \right) \\ C_p(x,y,z) = C_{p0} \left(1 + \dfrac{\sqrt{2x^2+3y^2+z^2}}{R} \right) \end{cases} \tag{5.5}$$

以上三个函数均为空间可变函数,因此,正在测试的偏微分代码必须能够模

拟非均匀热流。热导率为标量的解析函数只适用于假定各项同性热流的代码。为了测试完全各向异性的代码,必须为热导率系数矩阵选择六个函数 K_{ij}。在解中嵌入常数 k_0、ρ_0 和 C_{p0},可以控制问题的难度。如果发现代码因鲁棒性问题难以收敛,或者给定的网格序列不位于渐近区域,则可调整这些常数的值,降低问题的难度。还应注意,为了避免解的对称性掩盖编码错误,在空间参数中选择了不同的系数(例如,$x,2y,3z$,而不是 x,y,z)。

根据 D 和 u 计算源函数 g 仅仅是一个解析函数的微分问题。重排控制方程得到:

$$g(x,y,z,t) = \rho C_p \frac{\partial T}{\partial t} - \nabla k \nabla T \tag{5.6}$$

注意到,由于人造解和系数函数的选择,控制方程中微分算子的各项均得到了充分的测试。但人造精确解法也有一个小缺点,即如果 D 和 u 所需较为复杂,函数 g 通常就是一个代数上的噩梦。因此,尽量不要采取"手动"方式来估计函数 g。将系数和人造解代入上述表达式后,借助符号处理代码 Mathematica™ 来确定源项 g[13]。使用符号运算器计算 g 不仅省时省力,还降低了出错的可能性。g 的正确性是十分关键的,否则将导致验证操作给出代码存在问题的错误指示(只能在流程第 7 步中纠正 g 的问题)。大多数符号运算器都有一个绝佳特性,那就是不仅可以计算源项,还可以有效给出 Fortran 或 C 的代码表示,这些代码可以直接集成到辅助测试软件中,再次降低了出错的可能性。如想第一次就成功计算出函数 g,通常都需用到符号运算器。

利用人造精确解法构建的热方程精确解,适用于模拟多相、各向同性热流的通用代码。根据源项的构建方式,显然偏微分方程代码中内部方程中的所有项都需要正确执行,才能通过精度阶验证测试。根据设计,解由简单(原始)函数组成,求解精度可以达到虚拟计算机精度。因此,正确算出精确解的过程不会出现任何困难。

如果待验证精度阶的偏微分方程代码需计算并输出间接变量(如通量和气动系数),则还应计算这一部分的精确解,并在辅助测试软件中实现。在本书所述示例问题中,热通量通过 $k\nabla T$ 获得。根据人造函数和热导率函数 k,可以解析地给出。同样,最好还是选择符号运算器进行计算。编写辅助代码,可在解析公式给定下计算任意点的通量。

下一节将探讨反推法中计算域、初始条件和边界条件的处理。

5.2.4 辅助条件的处理

前文描述了如何为内部方程构造精确解,这涉及微分算子系数函数的选择和源项计算。为了获得数值解,偏微分方程代码需要辅助约束条件的额外输入,即计算域、边界条件和初始条件。关于产生微分控制方程精确解的正推法和反推法,其本质区别在于辅助条件的处理。根据正推法求解时,需同时处理内部方程和辅助条件,这就是此法难以产生完全通用的精确解的主要原因。在反推法中,通常可以单独处理辅助条件,独立于内部人造解。这种灵活性是人造精确解法最显著的特点之一,其提供了完全通用的微分控制方程解,无须简化。

5.2.4.1 初始条件的处理

人造精确解法中,由于内部方程的精确解是已知的,初始条件不会造成任何困难。构建了人造解 $u(x,y,z,t)$ 后,只需估计 $t=t_0$(即 $u_0(x,y,z) = u(x,y,z,t_0)$)时的人造解 u,便能确定初始条件 u_0。例如,通过热传导方程的人造解,依据式(5.4)可得到初始条件为

$$T(x,y,z,t_0) = T_0\left[1 + \sin^2\left(\frac{x}{R}\right)\sin^2\left(\frac{2y}{R}\right)\sin^2\left(\frac{3z}{R}\right)\right] \tag{5.7}$$

可编写辅助代码计算初始条件。由于人造解会随空间变化,所以初始条件也会随空间变化。在极少数情况下,一些旧代码不允许输入随空间变化的初始条件。如需测试此类代码,可能需要修改输入程序以适应测试。

最后,讨论一下偏微分方程代码中的稳态选项测试。代码可以直接求解控制稳态方程(无时间导数),或者更常见的求解非稳态方程使代码运行至物理模拟后期获得稳态解。第二种方式更为常见,在后一种方式中,代码不求解稳态方程,所以无须检查代码是否产生了正确的稳态解。

5.2.4.2 问题域的处理

由于人造解和偏微分方程系数函数定义在二维或三维空间的某个子集上,所以问题域选择的自由度很高。例如,热方程人造解表明 R^3 的任何子集均可能为热流方程的计算域。计算域类型取决于待验证的特定代码。例如,代码可能只能处理与坐标系平行的矩形域。根据偏微分方程代码测试的基本规则,通常应在代码允许的范围内选择尽可能更通用的问题域。因此,如果代码能够处理的最通用的计算域是由边长 a 和边长 b 组成的矩形,则在测试中不应选择正方形域。如果代码可以处理通用的单连通域,并且

此选项需要验证,则应选择相应的计算域。如果代码能够处理多块或多连通域,则测试设计必须涵盖此种情况。如果代码求解三维域上的方程,那么测试问题就不能使用二维域。如果使用代码能够处理的最通用计算域,便能发现最多的编码错误。

人造精确解法的一个显著优势是,计算域的选择与人造解独立,甚至经常与边界条件独立。在某些情况下,问题域的选择过程与边界条件的构建有关。这个问题将在下一节进行讨论。

5.2.4.3 边界条件的处理

在人造精确解法中,边界条件的处理相对但又不是非常简单。边界条件通常具有三个重要属性:类型、位置和数值。为了完全确定控制方程和所有测试问题,必须指定这三个属性。

如前所述,边界条件种类繁多,物理意义也不同。例如,在流体流动中,边界条件包括通量、自由滑移、无滑移、入流、出流、无流动和自由表面条件。其中大多数条件可以归结为以下两种基本类型:①Dirichlet 条件,指定了边界处解的值;②Neumann 条件,指定了边界处解的(法向)梯度。大多数其他类型的边界条件是这两种类型的组合,称为混合边界条件或 Robin 边界条件。对于求解更高阶偏微分方程的代码,还存在其他类型的边界条件。

边界条件的第二个属性是位置,即计算域边界处施加各类边界条件的具体部分。例如,如果计算域为矩形,顶部和底部的边界条件可能为 Neumann 条件,而左侧和右侧的边界条件为 Dirichlet 条件。

边界条件的第三个属性是数值,即边界条件在给定位置处的数值。例如,某边界点处的通量值可能为 0、1 或 4 个通量单位。给定的边界通量值可能会根据一定的输入函数随边界位置变化。

还需注意的是,对于微分方程组,需针对每个自变量确定一组边界(和初始)条件。

在代码精度阶验证期间,边界条件的类型和位置均在设计覆盖测试时确定。对于人造精确解法,边界条件的数值由人造解确定。本书通过各种边界条件阐明了人造精确解法的显著优势:即使是看似非常难以处理的边界条件类型,人造精确解法也能够处理。对于与特定代码相关的所有边界条件,可能只需用到单个人造解,便可完成测试。

1. Dirichlet 边界条件

如果在计算域边界的某个部位,对给定因变量施加了 Dirichlet 条件,便可轻易地通过人造解获得其数值。计算值、边界条件类型和位置一起构成了代码的输入。如果人造解是时变性的,则须针对每个时间步计算出边界条件的数值。

在热传导示例中,边界 $x=L_x$ 处的 Dirichlet 条件的数值为

$$T(L_x,y,z,t) = T_0\left[1 + \sin^2\left(\frac{L_x}{R}\right)\sin^2\left(\frac{2y}{R}\right)\sin^2\left(\frac{3z}{R}\right)\right]e^{t(t_0-t)/t_0} \quad (5.8)$$

应注意的是,在此情况下,边界条件既与时间相关,也与空间相关。如果偏微分方程代码假设 Dirichlet 边界条件与时间无关,那么在验证此代码时,可以构建一个在 $x=L_x$ 处与时间无关的人造解,也可以修改代码。

2. Neumann 边界条件

在热流问题中,热通量条件是典型的 Neumann 边界条件,即

$$k\nabla T \cdot n = q \quad (5.9)$$

Neumann 边界条件的数值是指时间和空间中各点处标量函数 q 的数值,可以通过解析方式算出人造解的梯度(可使用符号运算代码)。要注意的是,还需估计边界上的热导率函数和单位表面法向量,以确定函数 q,这些一起构成了验证测试的代码输入。

3. 冷却和辐射边界条件

该边界条件可以表示为

$$k\frac{\partial T}{\partial n} + hT + \varepsilon\sigma T^4 - hT_\infty - \varepsilon\sigma T_r^4 = q_{\sup} \quad (5.10)$$

利用人造解和 k、h、ε、σ、T_∞ 及 T_r 的函数,可以估计式(5.10)的左端项。选择这些函数时,也应遵循偏微分方程代码验证测试的基本规则。方程左端的计算结果便是函数 $q_{\sup}$ 的值,并作为代码的输入。一般而言,基于人造解生成的 $q_{\sup}$ 会随空间和时间变化。如果代码只允许 $q_{\sup}$ 作为常数输入,则需修改代码,确保 $q_{\sup}$ 可变。如果无法修改代码,则相关人员可能被迫放弃测试这种边界条件(除非生成精确解的正推法可以提供帮助)。讽刺的是,由于人造精确解法的性质,相较于验证具有输入限制的代码,验证具有完全通用的边界条件功能的代码往往更加容易。

4. 自由滑移边界条件

在此条件下,垂直于边界的速度分量应为零,即 $v \cdot n = 0$。如果 Navier-Stokes 方程中的自变量为速度,那么自由滑移边界条件实际上就是变相的 Dirichlet 条件。对于平行于边界的速度分量,则未作出相关规定。自由滑移

边界条件要求在任何位置垂直于边界的方向上,速度的人造解都应为零。在此示例中,计算域边界的选择并非完全与边界条件无关。然而,完全可以构建人造解来测试这种边界条件。满足此条件的诀窍是构造速度的解,然后根据流线(或流线簇)指定计算域边界(曲线或曲面)。该曲线或表面就是自由滑移边界条件施加的部分。可能需要选择合适的速度场,确保由流线定义的曲线形成代码能够处理的计算域。例如,如果代码只允许矩形域,则人造速度必须具有直线型流线。

5. 无滑移边界条件

在此条件下,边界处的速度为零(即 $v \cdot v = 0$),即是一组 Dirichlet 条件。内部方程的人造解必须满足沿某条曲线(或某个曲面)满足该附加条件,这构成了计算域边界。一般而言,假设可以自由选择曲线,保证同一条曲线上多个不同函数(如速度的 u、v、w 分量)同时为零并不难。

6. 入流边界条件

对于超声速入流,因变量的值需要指定,所以此种条件属于 Dirichlet 条件,可以按照前文所述方法进行处理。对于亚声速入流,可指定滞止压力、温度和流动方向。由于压力、温度和速度都属于因变量,所以其值均可通过估计边界上的精确解得到。根据这些信息,可确定代码输入中的滞止压力、温度和流动方向。

7. 出流边界条件

此条件主要用于模拟无穷远处的物理边界,因此,目前还没有公认的出流边界条件公式。对于超声速出流,没有施加任何边界条件,因此无须构建人造解。对于亚声速/超声速混合出流,在出流边界处指定了恒定静压,可根据压力的精确解计算此值,因此在出流边界处,压力的人造解应为恒定值。

8. 周期性边界条件

针对精确解选择适当的周期函数,便可满足此类边界条件。此外,相应地构造解的其余部分。

9. 对称平面边界条件

这些条件仅要求压力梯度和温度梯度在边界上为零,因此必须相应地构造解,这类似于9.4节所述的固有边界条件。

10. 根据牛顿冷却定律得出热通量条件

在此边界条件下,指定参考温度 T_r 和热传导系数 h(均为代码输入)。

边界上的通量应满足牛顿冷却定律：

$$q = h(T_w - T_r) \tag{5.11}$$

T_w 是指边界上已知的温度精确值，q 值可以很容易地获得，构成了代码的输入。

11. 自由表面边界条件

许多物理模型都会采用自由表面边界条件。例如，在多孔介质流中，有时会采用以下运动学边界条件：

$$K_{11}\left(\frac{\partial h}{\partial x}\right)^2 + K_{22}\left(\frac{\partial h}{\partial y}\right)^2 = (K_{33}+R)\left(\frac{\partial h}{\partial z}\right) - R \tag{5.12}$$

式中：R 为补偿函数，代表流过自由表面的流体通量。为了利用人造解实施此类边界条件，可以根据 h 的精确解和三个导水率系数来计算函数 R 的值：

$$R = \frac{K_{11}\left(\frac{\partial h}{\partial x}\right)^2 + K_{22}\left(\frac{\partial h}{\partial y}\right)^2 - K_{33}\left(\frac{\partial h}{\partial z}\right)}{\frac{\partial h}{\partial z} - 1} \tag{5.13}$$

将这些值（随空间和时间变化）输入到代码中，作为测试设置的一部分。选择合适的人造解和导水率系数，使 $R>0$ 成立。关于多孔介质流（涉及自由表面边界条件）的人造解，可参考附录 D，了解更多详细内容。类似方法也适用于其他类型的自由表面边界条件。

12. 小结

基本上，在确定适用于给定边界条件的输入值时，一个比较有用的方法为：解析地求解输入变量的边界方程，然后使用构成人造精确解的函数和系数来计算边界条件的值。但是，如果要求人造函数在边界上具有特殊性质（如速度为零），这个问题就会变得复杂。在这种情况下，沿着某条曲线或某个曲面，应选择某一函数或其导数为零，并将该曲线或曲面用作域的边界。本书并未涵盖所有可能的边界条件，但本书所提供的示例旨在说明：如果允许输入值随空间和时间变化，则大多数（可能不是全部）边界条件的处理都可以采用人造解方法。只要给定的边界条件能够在数学上表述为合理的条件或其有序近似，便能利用此处概述的方法进行处理。

5.2.5 源项深度探索

源项是精确解满足控制方程的关键因素，对于人造精确解法的成功应用至关重要。使用符号运算器将微分算子作用于人造精确解,便可获得源项的数学表达式。此外,还可编写辅助代码,估计验证测试所需的时间和空间中特定位置处的源项。要想确定时间和空间中的适当位置,必须了解源项在数值算法中的实现方式。测试期间,源项计算值构成偏微分方程代码的输入。

由于人造解和微分方程系数会随空间变化,利用人造精确解法产生的源项属于分布式源项(即随空间变化的函数),很少会出现点源。当代码不允许输入分布式源项时,这一特性会造成困难。许多代码(尤其是与地下水和储藏模拟相关的代码)均假设点源,只能输入涌流模型,不具备分布式源项输入功能。在此情况下,不能直接应用精度阶验证流程。如果控制方程本身不包含源项(即控制方程可能是 $Du = 0$,而不是 $Du = g$),也会出现类似困难。

为了确定此类问题是否会发生,最好在验证流程第 2 步(设计覆盖测试套件)确定代码是否包含分布式源项处理功能。以下两种基本策略均可以避免出现这种问题。

(1) 直接修改偏微分方程源代码,将点源功能更改为分布式源功能,或将分布式源功能添加到无源项的代码中。只需更改输入程序以及判断在某个确定离散点,源项是否存在的部分代码,就可将点源或涌流模型功能转换为分布式源项功能。将分布式源项添加到完全无源项的代码中具有一定难度,但只要精准掌握代码的数值算法,也是有可能实现的。在代码中添加源项时,应始终确保保持理论精度阶。修改代码添加源项的主要风险是,可能会无意中降低数值方法的理论精度阶。如果插入的修改在空间或时间上的错误位置估计源项,那么这种情况就常有发生。如果代码采用了近似因子分解法,由于源项贡献的因子分解方式种类繁多,将源项添加到此类代码中也会具有一定难度。

将分布式源项处理功能成功添加到代码中后,便可应用人造精确解法。该方法附带的好处是,代码具备了新的功能,并可在日后用于模拟。但该方法面临的一个主要障碍是(最常见于商业软件的测试)用户无法访问源代码并修改代码。

(2) 在某些情况下,可以构造出一个无源项的精确解满足内部方程。此策略需要用到一些数学工具,但可以确保原始代码未受破坏。在不能访问源代码的情况下,此策略可能就是唯一的办法。下文给出了两个示例,都构建了无源项的人造解。此方法类似于构建精确解时常用的正推法,不同之处在于,在此方法中,确定解之前可以选择性地忽略边界条件(问题难度更低)。

5.2.5.1 无源项的热方程

如果控制方程是线性方程,分离变量法是有效的。例如,假设正在验证一个二维代码,该代码用于求解无源项、标量热导率的热传导方程:

$$\nabla \cdot k \nabla T = \alpha \frac{\partial T}{\partial t} \tag{5.14}$$

其中,$k = k(x,y)$。应用变量分离法,令

$$T(x,y,t) = F(x,y) G(t) \tag{5.15}$$

可以发现 F 和 G 满足以下方程:

$$\begin{cases} G' + (\mu^2/\alpha) G = 0 \\ \nabla \cdot k \nabla F + \mu^2 F = 0 \end{cases} \tag{5.16}$$

其中,$\mu \neq 0$。G 的一个解为

$$G(t) = G_0 e^{-\mu^2 t/\alpha} \tag{5.17}$$

为了构建 F 的解,还须构建 $k(x,y)$。经过一番反复试验,发现了 $\mu = 1$ 时的解:

$$\begin{cases} F(x,y) = e^x \cos y \\ k(x,y) = e^x \sin y - x \end{cases} \tag{5.18}$$

可对该解进行尺度缩放,确保满足 5.2.1 节的要求。

5.2.5.2 无源项的不可压稳态流

对于非线性齐次方程组,也可以构建人造解。以二维、稳态、不可压层流方程为例:

$$\begin{cases} \dfrac{\partial u}{\partial x} + \dfrac{\partial v}{\partial y} = 0 \\ \dfrac{\partial}{\partial x}(u^2 + h) + \dfrac{\partial}{\partial y}(uv) = v \nabla^2 u \\ \dfrac{\partial}{\partial x}(uv) + \dfrac{\partial}{\partial y}(v^2 + h) = v \nabla^2 v \end{cases} \tag{5.19}$$

其中,$h = P/\rho, v$ 为常数。为了满足连续性方程,设 $\phi = \phi(x,y)$ 并且

$$\begin{cases} u = -\dfrac{\partial \phi}{\partial y} \\ v = +\dfrac{\partial \phi}{\partial x} \end{cases} \tag{5.20}$$

动量方程则变为

$$\begin{cases} \dfrac{\partial h}{\partial x} = R \\ \dfrac{\partial h}{\partial y} = Q \end{cases} \tag{5.21}$$

其中

$$\begin{cases} R = \dfrac{\partial \phi}{\partial x}\dfrac{\partial^2 \phi}{\partial y^2} - \dfrac{\partial \phi}{\partial y}\dfrac{\partial^2 \phi}{\partial x \partial y} - v\dfrac{\partial}{\partial y}(\nabla^2 \phi) \\ Q = \dfrac{\partial \phi}{\partial y}\dfrac{\partial^2 \phi}{\partial x^2} - \dfrac{\partial \phi}{\partial x}\dfrac{\partial^2 \phi}{\partial x \partial y} - v\dfrac{\partial}{\partial x}(\nabla^2 \phi) \end{cases} \tag{5.22}$$

为了确保 h 存在,以下等式必须成立:

$$\dfrac{\partial R}{\partial y} = \dfrac{\partial Q}{\partial x} \tag{5.23}$$

即 ϕ 必须满足以下方程:

$$v\nabla^4\phi - \dfrac{\partial \phi}{\partial x}\dfrac{\partial}{\partial y}(\nabla^2\phi) + \dfrac{\partial \phi}{\partial y}\dfrac{\partial}{\partial x}(\nabla^2\phi) = 0 \tag{5.24}$$

为了构建人造解,选择 ϕ 值满足 $\nabla^2\phi = \mu$(常数),则最后一个方程自动满足。然后,由 ϕ 的导数算出速度分量 u 和 v,再根据 ϕ 算出 R 和 Q,便可通过积分求出 h。例如,设

$$\phi(x,y) = e^x \cos y - e^y \sin x \tag{5.25}$$

由于 $\nabla^2\phi = 0$,则 $\mu = 0$。基于 ϕ 的导数得出

$$u(x,y) = e^x \sin y + e^y \sin x$$
$$v(x,y) = e^x \cos y - e^y \cos x \tag{5.26}$$

函数 R 和 Q 则为

$$\begin{cases} R(x,y) = -e^{2x} - e^{x+y}[\sin(x+y) - \cos(x+y)] \\ Q(x,y) = -e^{2y} - e^{x+y}[\sin(x+y) - \cos(x+y)] \end{cases} \tag{5.27}$$

最后可得出

$$h(x,y) = -\frac{1}{2}e^{2x} - \frac{1}{2}e^{2y} + e^{x+y}\cos(x+y) \tag{5.28}$$

5.2.5.3 源项小结

某些地下水和储藏领域的模拟代码采用的是涌流模型,而不是点源,用于模化各种类型的流体开采和注入。为了将这些模型正确地用作点源,必须深入了解这些模型。通常情况下,相较于修改涌流模型,在代码中实现分布式源项更为安全,涌流模型本身从未在精度阶验证流程中直接测试过。

在评估某些边界条件时,代码可能出现输入处理能力不足的问题。例如,代码可能在处理通量边界条件$\nabla u \cdot n = q$时,假定q不随空间变化。由于在人造精确解法中,通常要求u随空间变化,那么q也会随空间变化,但代码输入不允许q具有所需的变化。在此情况下,最佳策略是修改代码,确保代码包含所需功能。如果边界简单,则可构建恰定的u,使得q在边界上保持不变。精心设计的覆盖测试便足以测试这种情况。

5.2.6 精确解的物理现实

利用人造精确解法,便能验证任何给定偏微分方程代码的全部或几乎全部功能的精度阶。这种方法牺牲掉的仅仅是"必须使用物理上现实的解来测试代码"这一错觉。毫无疑问,人造解通常缺乏物理现实性。从严格意义上讲,代码精度阶验证是一种数学操作,表明正确实现了数值算法,因此无须考虑物理现实。求解控制方程的数值算法,无从知晓代码的输入是否是基于物理现实问题的。特此补充一点,如果能够提供物理现实的精确解,只要此解的通用性足够高,便可用于验证操作。此外,一旦代码精度阶通过验证后,就需进行额外测试来证明其他代码特性,如鲁棒性和效率。

第六章 精度阶验证流程的益处

前五章定义了代码精度阶的验证,提供了一个系统性的精度阶验证流程,并详细探讨了该流程的每个步骤。本章旨在回答一个显而易见的问题:验证偏微分方程代码精度阶的益处是什么?简而言之,就是除了某些鲁棒性和效率编码错误之外,代码精度阶验证可以发现几乎所有的动态编程错误,但前提是相关人员严格遵循本书所述流程和指南。

6.1 编码错误分类

构建的精度阶验证流程可以识别并修复造成观测精度阶与理论精度阶不一致的所有代码错误。质疑者可能会认为,通过精度阶验证仅仅是证明了代码不包含特定测试问题可检测到的编码错误,如果进行其他测试,可能会发现以前未检测出的编码错误。反对的声音主要有两种:第一种认为验证流程使用的覆盖测试套件不完整。但是,验证流程第 2 步要求使用完整的覆盖测试套件,并严格遵守代码测试的基本规则。因此,影响解精度阶的每一行代码均已测试。如果任何一行代码存在影响精度阶的错误,测试套件肯定能够检测出来。因此,无须进行额外测试。第二种反对意见更加极端,认为对于影响精度阶的某行代码,即使某次测试中未检测出任何编码错误,但额外的测试也可能揭示代码错误。在反驳第二种反对意见之前,本节将先介绍与代码精度阶验证相关的编码错误分类,然后展示几个编码示例,加深理解。

如图 6.1 所示,编码错误首先分为三个标准类别:

(1) 静态编码错误(static coding mistake, SCM):标准静态测试可检测到的编码错误(如变量未初始化)。

(2) 动态编码错误(dynamic coding mistake, DCM):运行代码可检测到的非静态编码错误(如输出声明错误)。

(3) 形式编码错误(formal coding mistake, FCM):静态或动态测试都检

测不到的编码错误(如不影响计算结果的无关代码行)。

这三类还可以进一步细分。本书主要介绍与精度阶验证相关的动态编码错误分类。

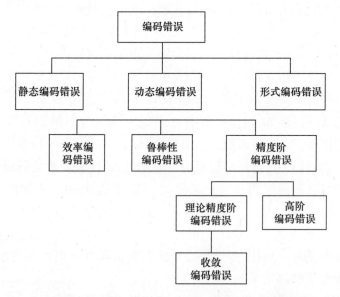

图 6.1　偏微分方程代码编码错误的分类

(1) 效率编码错误(efficiency coding mistake,ECM):致使代数方程组求解器实测效率降至理论值以下,但不影响正确解计算的编码错误。例如:在逐次超松弛法中将超松弛参数设为 1 的一行代码。

(2) 鲁棒性编码错误(robustness coding mistake,RCM):致使数值算法实测鲁棒性降至预期以下的一种编码错误。例如:导致迭代算法发散(在理论上不应发散)的一种错误①。这一类别还包括导致除数为零的编码错误。无法检测到除数为零,既可视为编码错误,也可不视为编码错误。但对除数为零的错误检测,一定属于编码错误。

(3) 精度阶编码错误(order‑of‑accuracy coding mistake,OCM):影响控制方程中一项或多项观测精度阶的编码错误。

(4) 理论精度阶编码错误(theoretical order‑of‑accuracy coding mistake,TCM):致使观测精度阶降至给定数值算法理论精度阶以下的编码错

---

① 如果代码使用的迭代算法没有理论的收敛特性,并且出现了发散,则不应将此类发散归咎于编码错误,而应归咎于数值算法理论不足。

误。例如:存在缺陷的一行代码,将具有二阶精度的有限差分公式降为一阶。

(5) 收敛编码错误(convergence coding mistake,CCM):致使观测精度阶降至零或更低的编码错误。例如:存在缺陷的一行代码,将具有二阶精度的有限差分公式降为零阶。根据定义,收敛编码错误是理论精度阶编码错误的一个子集,因为它也致使观测精度阶降至理论精度阶以下。

(6) 高阶编码错误(high-order coding mistake,HCM):致使微分控制方程中某项的精度阶降至数值算法的预期以下,但观测精度阶不低于理论精度阶的编码错误。例如:对流扩散表达式 $u_{xx} + au_x$ 中,如果数值算法将 u_x 项离散为一阶精度,将 u_{xx} 项离散为二阶精度,则表达式的理论精度为一阶。在编写代码时,若将 u_{xx} 项错误地编写为一阶精度,这便是高阶编码错误。因为得到的观测精度阶虽然仍与理论精度阶一致,但是其中一个项的精度阶已经降低,只是其他项更低的精度阶掩盖了此错误。通常情况下,将对流速度"a"设置为零,将表达式的理论精度提高到二阶,便可检测出此类高阶编码错误。如能实现这一点,二阶导数项中的编码错误可被视为动态编码错误,否则就视为形式编码错误[①]。

本书认为,精度阶验证流程可以检测出几乎所有的精度阶编码错误,无须额外测试。

6.2 简单的偏微分方程代码

为了加深对代码验证过程可以检测出的编码错误的理解,采用图 6.2 所示的简单偏微分方程代码(Fortran 语言)求解一维非稳态热传导方程。该代码的控制方程为微分方程 $u_{xx} + g = \sigma u_t$,计算域为 $a \leq x \leq b, t > t_{\text{init}}$。边界条

[①] 如果代码各项涉及多个精度阶,最好测试每一项的精度,确保精度较低的项不会掩盖精度较高项的编码错误。要想实现这一点,可以添加额外的覆盖测试,来实施代码精度验证流程。在某些情况下,如果取消某些项,代码可能无法求解。在对流扩散的示例中,如果二阶导数项的理论精度为一阶,而一阶导数项的理论精度为二阶,那么将不得不取消二阶导数项,测试一阶导数项的精度阶。与包含二阶导数的方程相比,一阶导数方程的数值算法有显著不同。因此,如果覆盖率测试取消了二阶导数项,那么代码很有可能不会收敛到一个解。

关于混合精度阶的表达式,最后再提一点,如果理论精度阶更高的项包含编码错误,将致使混合阶表达式的整体精度降至其理论精度阶以下。因此,为了测试表达式的整体精度,人造解的源项应涵盖表达式中的所有项,而不仅仅是控制总精度阶的项。

件和初始条件如下：

$$\begin{cases} u(a,t) = \dfrac{e^{-\beta a}}{\sqrt{pt+q}} \\ u(b,t) = \dfrac{e^{-\beta b}}{\sqrt{pt+q}} \\ u(x,t_{\text{init}}) = \dfrac{e^{-\beta x}}{\sqrt{pt_{\text{init}}+q}} \end{cases}$$

```
program heat_flow

implicit none

integer i, n
integer cells, n_time_steps

real*8 a, b, sigma
real*8 time, delta_t, t_init, t_final
real*8 delta_x, mu
real*8 x, g, tmp
real*8 beta, p, q

parameter ( cells = 5 )
parameter ( n_time_steps = 200)
parameter ( t_init = 2.0, t_final = 3.0 )
parameter ( a = 1., b = 7., sigma = 0.4 )
parameter ( beta = 1.0, p = 0.25, q = 1.0 )

real*8 u(0:npts)

time = t_init
delta_x = (b-a)/cells

do i = 0, cells
   x = a + i*delta_x
   tmp = p*time+q
   u(i) = exp(-beta*x)/sqrt(tmp)
end do

if ((n_time_steps.eq.0).or.(b.eq.a).or.(cells.eq.0)) stop
delta_t = ( t_final - t_init )/n_time_steps
if ((delta_t.lt.0.0).or.(sigma.le.0.0)) stop

mu = delta_t/delta_x/delta_x/sigma

do n = 1, n_time_steps

   time = time + delta_t
   tmp = p*time+q
   u(0) = exp(-beta*a)/sqrt(tmp)
   u(cells) = exp(-beta*b)/sqrt(tmp)

   do i = 1, cells-1
     x = a + i*delta_x
     g = -(beta*beta+0.5*p*sigma/tmp)*exp(-beta*x)/sqrt(tmp)
     u(i) = u(i) + mu*(u(i+1)-2.0*u(i)+u(i-1)) + delta_t*g/sigma
     if ( n.eq.n_time_steps) write(6,*) i,u(i)
   end do

end do
end
```

图 6.2　一维热传导方程的偏微分方程代码示例

假设源项 $g = Du$,可得精确解为

$$u(x,t) = \frac{e^{-\beta x}}{\sqrt{pt+q}}$$

该代码具有固有和时变的 Dirichlet 边界及初始条件,因此物理输入只有参数 p、q、β 和 σ。尽管该代码与生产型代码相比极其简单,但足以说明以下几点。使用中心差分离散 u_{xx},前向差分离散时间导数,得到条件稳定的算法。空间的理论精度在为二阶,时间为一阶。代码已编译并验证了精度阶。研究中只考虑实现数值算法时可能会犯的实际编码错误。假设代码开发人员在编写代码时没有任何不良意图,所以不考虑任何与正确实施偏离较大的错误。在此情况下,代码足够简单,因此可以罗列出算法实现过程中几乎一切合理存在的、可编译的一般类型编码错误。如果尝试先验地将各编码错误归入图 6.1 所示类别,对于某些错误来说,归类很容易,而有些错误则需运行代码来确定相应影响。

以下列举了一些实际编码错误:

(1) 程序名拼写错误。此类错误显然属于形式编码错误。

(2) 实变量(如"mu")声明为整数。一般而言,此错误会致使观测精度阶降低至零,属于收敛编码错误。但是,Roache[12] 的著作给出了一个精度阶验证示例,在此示例中出现了此错误,但开始没有检测到。这是因为测试中碰巧给实变量使用了整型输入。为了合理反驳第二种极端反对意见(即只有进行多次测试才有用),必须在验证流程中增设一个要求,即所有测试中输入值的类型必须与其预期声明的类型一致。

(3) 网格尺度"delta_x"计算错误。这类错误降低了观测精度阶,属于理论精度阶编码错误。

(4) 数组索引越界。编译器可以识别此类错误,所以属于静态编码错误。

(5) 循环索引范围错误引起的初始条件初始化错误(例如,索引范围为"cells - 2"而不是"cells",或者代码读取的是 $u(1)$,而不是 $u(i)$)。在此情况下,初始条件将是不正确的,部分数组未初始化或初始化错误。编译器并不总能捕捉到此类错误。如果不是静态编码错误,那么就应属于理论精度阶编码错误。此类错误在早期对解的影响最大。如果在早期利用网格加密方式检查解,很容易就能检测出。因此,为了再次合理反驳上述提及的反对意见,建议在瞬态问题的精度阶验证测试期间,推进一两个时间步后就应检

查解,以免初始条件处理过程出现错误。

（6）除数为零的检查有误(如 delta_x)。此类错误属于动态编码错误,无须网格加密便可检测出,也被视为鲁棒性编码错误。

（7）能成功检查是否满足稳定准则。如果代码未能成功检查稳定性,那么在输入的时间步长过大情况下,代码可能在推进足够多步后发散。如果将其视为编码错误,那么精度阶验证测试不一定能检测出此类错误,建议将此错误归为鲁棒性编码错误。

（8）定性检查出错。根据具体的错误产生方式,这类错误可视为编码错误或概念错误。如果为编码错误,因为精度阶验证测试只能偶然检测出此类错误,所以将其视为鲁棒性编码错误。

（9）间步循环中"n"的范围不正确(例如,$n = 3$, n_time_steps)。此错误将导致代码推进的时间步少于预期。正如编写的示例代码一样,结果为最终时间减去两个 delta_t 时刻的数值解,而非最终时间的数值解,在这两个时间点输出的解将存在 2 个 delta_t 的误差。由于误差以一阶速率趋于零,所以精度阶验证测试可能检测不出此类错误。即使在早期对解进行检查,可能也无法检测到这种情况。除非通读源代码,否则几乎无法检测到此类错误,所以从某种意义上说,这属于形式编码错误。

（10）边界条件计算错误。这类错误将产生错误的解,属于收敛编码错误。

（11）间更新循环中索引"I"的范围不正确(例如,$I = 1$, cells $- 2$)。这将产生错误的解,属于收敛编码错误。

（12）更新代码行中的索引错误或其他错误(例如,在 u_{xx} 离散中,使用了因子 1,而不是 2)。这类错误将产生错误的解,属于收敛编码错误。

在上述示例中,有一半的实际编码错误属于精度阶编码错误。经过谨慎测试,精度阶验证流程似乎确实可以检测出所有的精度阶编码错误。至少在这些示例中,仅凭借一次适当构建的验证测试,就检测出了所有的精度阶编码错误。例如,一次精度阶验证测试检测不出第十二种编码错误几乎是不可能的。

6.3 盲 测

为了进一步探索代码精度阶验证流程可以检测出以及不能检测出的编

码错误种类,学者们进行了一系列盲测,最早见于 Salari 和 Knupp[13] 的文献。Salari 编写了可压缩的二维 Navier-Stokes 代码,并证实该代码在空间上的理论精度为二阶(仅检查了稳态解,参见 8.4 节)。然后 Knupp 有意地稍微修改了源代码,制造了一系列现实的编码错误,总计产生了 21 个版本的代码。Salari 在不知晓具体编码错误的情况下,根据验证流程确定了每个版本代码的观测精度阶。附录 C 详细阐述了盲测,表 6.1 总结了相应结果。

表 6.1 21 次盲测结果

测试	错误	是否检测出	观测精度阶	类型
1	数组索引错误	是	0	TCM
2	索引重复	是	0	TCM
3	离散常数错误	是	0	TCM
4	do 循环范围错误	是	0.5/发散	CCM 或者 RCM
5	变量未初始化	是	0	SCM
6	列表中数组标签错误	否	2	FCM
7	内外层循环的切换	是	0.5/发散	CCM 或者 RCM
8	符号错误	是	0	TCM
9	算子定位错误	是	0	TCM
10	括号位置错误	否	2	FCM
11	差分格式错误	是	0	TCM
12	逻辑 IF 错误	否	2	FCM
13	无错误	无待检测错误	2	无错误
14	松弛因子错误	否	2	ECM
15	差分错误	是	1	CCM
16	缺项	是	0	TCM
17	网格点变形	是	1	CCM
18	输出计算中算子位置错误	否	2	FCM
19	网格元数目	否	2	FCM
20	冗余循环	否	2	FCM
21	时间步长值错误	否	2	FCM

测试结果表明,在 20 个代码版本中,精度阶验证流程检测到有 12 个版本包含编码错误,包括一些常见的编码错误,如数组索引、差分公式、do 循环范围、变量初始化、循环变量名称和代数符号的错误。验证流程未检测出剩

余 8 个版本中的编码错误。其中有 7 个错误属于形式编码错误,不影响精度、效率或鲁棒性,包括两个顺序独立参数的位置变化、未使用量的错误计算,以及冗余循环等。唯一未检测出的动态编码错误会影响到求解器的效率,但不会影响观测精度阶(盲测 14)。所有的精度阶编程错误都检测出来,无须通过使用不同的输入或者其他人造解进行额外的测试。

代码精度阶验证意味着证明代码观测精度阶与数值算法理论精度阶一致。如果正确构造并实施了精度阶验证测试流程,那么此流程可以检测出任何影响到观测精度阶的编码错误(即精度阶编码错误)。偏微分方程代码示例和盲测表明,精度阶编码错误是偏微分方程代码可能出现的最严重编码错误之一,会阻碍代码产生正确解。相比之下,效率编码错误影响较小,而鲁棒性编码错误经常在代码开发阶段就会被检测到。因此,精度阶验证是确保代码获得控制方程正确解的可靠手段。由于验证流程的全面性,精度阶验证会比其他代码测试手段检测到更多的编程错误。

对于认为"额外测试可能揭示新的精度阶编码错误"的观点,本书归因于验证流程不够完整。相反,如果声称在精度阶验证测试完成后,额外的代码测试不会发现其他精度阶编码错误,这也只是在表明,测试流程已完成而已。因此,与其争论这一点,还不如今后在流程说明中增设一些附加要求和条件,使其更为完善。

一般来说,代码精度阶验证测试不会检测出鲁棒性、效率和形式编码错误。建议进行额外的代码测试,确定是否可能存在影响效率和鲁棒性的编码错误。由于代码和编码风格的繁杂,无法明确代码精度阶验证流程可以检测出的编码错误的百分比,但可以确定的是精度阶验证流程可以检测出大部分影响解正确性(偏微分方程代码最重要的性质)的错误。

第七章 相关的代码开发活动

本章将探讨一系列相关活动。这些活动都涉及代码开发与测试,因此往往易与代码精度阶验证产生混淆。尽管其中每一项活动都是代码开发过程中理应存在的一步,但因与代码精度阶验证的目标不尽相同,需要采取不同的流程,所以最好将两者区别开来。实践中,需要在各种活动之间频繁迭代,但从概念上讲,它们却截然不同。活动中的第一项是数值算法开发,这项活动显然应在代码精度阶验证之前完成。理想情况下,在代码精度阶验证之后,就该进行其余活动了,包括代码鲁棒性和效率测试、代码确认操作、解精度评估和模型确认。

7.1 数值算法开发

对于偏微分方程代码而言,数值算法是一种数学方法,它利用数字计算机求解给定的微分方程组。数值算法由离散算法和"求解器"两大部分组成。离散算法描述了空间和时间的离散方式,以及函数和导数在离散后的近似处理方式。通常,近似的理论精度阶描述,是离散算法的一部分。"求解器"描述了如何求解离散产生的代数方程组。通常会对求解器的收敛速率进行描述。

因为偏微分方程代码的关键部分包括算法的实现,所以数值算法开发显然要先于代码开发。数值算法实现后,才可进入代码精度阶验证。代码精度阶验证并未对数值算法是"好"还是"坏"作出判断,它只能判定给定算法在代码中的实现方式是否与其数学描述一致。因此,举例来说,对于使用迎风差分格式的代码,仍可验证其代码精度阶,即使这些算法仅具有一阶精度,并且在大多数情况下都被视为耗散过大。然而,得出数值耗散的判断,并不是依靠代码精度阶验证操作,而是数值算法开发的一部分。

一般来说,除了理论精度阶之外,代码精度阶验证不会验证数值算法的任何其他属性。因此,精度阶验证并不测试数值算法是否稳定或守恒,后者属于数值算法开发的范畴。

从前面几章的讨论中,可以清楚地看到,如果某一代码的精度阶通过了验证,那么该代码就必须正确实现了收敛的数值算法。根据 Lax 等价定理,如果数值算法是稳定的(且求解的方程为线性方程),则数值算法必须与连续偏微分方程相容。

对于精度阶已经验证过的代码,若代码中的数值算法被更改或修改,则应重新验证该代码或其中某一部分。

7.2　代码鲁棒性测试

鲁棒性大概是指偏微分方程代码的可靠性或数值算法的可靠性。就数值算法而言,鲁棒性通常是指迭代数值算法收敛或发散的性质。不同迭代求解器的收敛条件也是各异的。例如,当所谓的相关迭代矩阵特征值模量小于 1 时,某些迭代求解器保证能收敛。影响特征值的因素包括网格单元长宽比,以及反映问题各向异性的某些物理参数等。对于这些参数的极值,一些迭代求解器不会收敛。采用迭代求解的偏微分方程代码对控制网格拉伸和物理各向异性的输入参数十分敏感。如果超过已知限值,则求解器将发散。如果代码没有正确地实现理论收敛标准,则导致鲁棒性编码错误;代码很可能会停止运行,不会产生解。如果事先知道迭代数值算法的收敛条件,就可以设计鲁棒性测试,以确认产生预期的行为。在实践中,人们往往不知道迭代算法的收敛条件。在这种情况下,可以执行若干鲁棒性测试,以确定代码产生解所需的输入条件范围。

除收敛行为外,鲁棒性通常还指广义的代码可靠性。未能检测到指针为空或除数为零,就属于这一类别的典型例子。

代码精度阶验证不能保证代码的鲁棒性。如第六章所述,代码鲁棒性错误不一定在精度阶验证中暴露。为了确定代码的鲁棒性,除了精度阶验证之外,可能还需进行额外的测试。通过代码鲁棒性测试,或许就能了解如何提高鲁棒性,还可以知道是否需要采用更好的数值算法,让其能在更广泛的条件下收敛。

7.3　代码效率测试

代数系统求解器通常具有理论效率,表明获得数值解的速度随未知量数目的变化规律。例如,直接求解器(如高斯消去法)的理论效率为 N^3 阶,即计算时间随未知量数目的立方而增加。良好的迭代求解器能够以 $N\log(N)$ 的效率运行,而最好方法的效率是 $N^{5/4}$(对于共轭梯度法)。可以通过与观测效率进行比较,确定计算机代码是否达到理论效率。

求解器中出现的大多数编码错误,都会导致求解器无法给出正确解。在这种情况下,编码错误为精度阶编码错误,可通过验证测试检测出来。然而,在某些情况下,编码错误只会降低求解器的效率(例如,从 $N\log(N)$ 降低至 N^2),而不会影响求解器产生正确解。在第六章所述的分类中,将此类错误称为效率编码错误。由于求解器仍会产生正确解,代码精度阶验证往往不会检测到效率编码错误。因此,为了能检测出效率错误,除了代码精度阶验证以外,还需实施额外的测试。

效率还可以指与 CPU 耗时有关的其他方面。例如有人在单层循环已经足够时却使用双层循环计算某些量。无论人们是否将这种编码低效率视为编码"错误"(bug),代码精度阶验证都无法检测到。未考虑计算机系统结构的算法编码,也无法通过验证测试检测出来。

7.4　代码确认操作

代码确认操作是由代码新用户执行的练习,在代码已经过妥善测试的情况下,让他们确信自己可以正确使用代码。正确设置代码输入可能存在难度,尤其是当偏微分方程代码具有多个选项时。如果用户手册写得不好,用户可能会怀疑代码求解的问题是否真的是预期问题。通常,确认操作就是将数值解与某些模型或基准问题的精确解进行比较。确认操作完成后,用户就能确信代码至少在给定的某一类问题上正常运行。确认操作很少涉及网格加密,也不考虑理论精度阶,因此不会验证代码精度阶。另外,代码精度阶验证测试若是成功,无疑就能证实用户能够正确设置代码输入。在实施代码精度阶验证之前,千万不能执行代码确认操作。这是因为确认操作若是失败,就会出现模棱两可的结果:究竟是用户的代码输入设置有误,还是代码本身就存在错误?新手用户不应该处理这类问题。

7.5　解　验　证

当使用已通过精度阶验证的代码求解时,可以假定数值解是微分控制方程离散误差范围内的正确解。计算解分为两类：一类用于测试代码或数值算法，另一类用于代码的预测应用。对于后一类而言，估计离散误差量级 E（而非阶数 p）是十分重要的，由此才能确定计算中使用的网格是否足够密。这一步骤通常称为解验证，本书更倾向于称其为离散误差估计（discretization error estimation，DEE），从而避免与代码精度阶验证相混淆。对于当前模拟的问题，无法得知其精确解，因此，通常会使用离散误差估计来确定离散误差量级。如果离散误差对于该问题太大，则应尽可能使用更密网格进行额外计算。

在离散误差估计中，精确解是未知的，因此需要估计出离散误差量级。这一步是非常必要的，因为在使用粗网格情况下，即使采用了通过验证的代码，误差量级 E 也可能很大。从本质上讲，离散误差估计决定了网格是粗的还是密的。在代码精度阶验证中，由于精确解已知，因此可以计算出离散误差的精确量级。在离散误差估计中，估计误差用于确定数值解与控制方程连续解的接近程度。在代码精度阶验证中，精确误差用于估计精度阶 p，从而确定是否存在编码错误。在代码应用之前，也就是在离散误差估计之前，就应当实施代码精度阶验证。理想情况下，只要计算应用问题的新解，都应执行离散误差估计，但无须重新实施代码精度阶验证。这是因为已经确定不存在影响精度阶的编码错误。代码验证和离散误差估计均为纯粹的数学操作，与工程判断无关。有关离散误差估计的更多信息，读者可参阅 Roache 的著作[12]。

7.6 代码确认

代码确认是用以证明偏微分方程代码中包含的控制方程和子模型是对物理现实恰当表示的过程。代码确认需要将数值解与实验室或其他实验的结果进行比较。代码需要确认过程，用以确保代码解能够可靠地预测复杂物理系统的行为。

在代码确认中，鲜有讨论物理学基本定律。例如，所有人都相信，Navier-Stokes 方程是现实的恰当表征。通常讨论的问题是，涉及本构关系、源项或边界条件的某些子模型。这些子模型无法根据守恒定律通过先验推导出来，而必须通过比较代码预测值和物理实验值进行测试。此类子模型包括湍流模型、开放或出流边界条件以及涌流模型。

代码确认和代码精度阶验证之间存在明显的区别：代码精度阶验证是

证明控制方程的求解过程正确,而代码确认则是证明正在求解的是正确的方程。显而易见,在确认代码之前,始终应先验证代码精度阶。如果在确认过程中,未经验证的代码所产生的数值解与实验结果不一致,则无法确定差异是由不恰当的物理模型造成,还是因编码错误造成。另外,由于方程可能被错误地求解,解与实验结果的一致可能纯属巧合,因此使用未经验证的代码进行确认是不可靠的。

令人有些惊讶的是,大多数偏微分方程软件都是由科学家和工程师编写,而不是由数学家和计算机科学家编写。前一组人士关注的是确认物理模型,而后一组人士对验证数值模型更感兴趣。围绕着代码验证和代码确认之间的很多混淆,大都是由不同学科关注差异造成。前一组人士很少因出色地证实了数值算法正确实现而受到同行的称赞。只有证明某数学模型能够很好地表征现实才会收获称赞。当然需要指出的是,前一组人士的价值之一是做"好"科学工作。如果没有验证代码,则不可能做好科学工作,即证明模型能够很好地表征物理现实。

关于这一重要主题的更多讨论,请参见参考文献[3,6,12,35-36]。

7.7 软件质量工程

软件质量工程(software quality engineering, SQE)是一套用于确保软件系统可靠性和可信性的形式方法学[37-42]。这一目标是通过记录和工件实现的。文件和工件是为了证明在软件开发项目中遵守了适当的软件工程和验证实践。软件质量工程的主要驱动因素是高度集成软件的需求,包括飞机和航天器控制、核武器设计与安全以及核动力反应堆系统的控制等领域。软件质量工程不仅适用于偏微分方程代码,而且适用于大多数其他类型的软件。因此在软件质量工程中,验证的定义比本书更为广泛,涵盖了所有类型的代码测试,如静态测试、内存测试、单元测试、回归测试和安装测试。对于偏微分方程代码,软件质量工程通常推荐采用附录 A 中讨论的趋势测试、对称性测试、比较测试和基准测试,作为验证测试。推荐采用的测试方法未利用精度阶验证来证实偏微分方程代码具有正确的解,这本是代码可靠性验证的重要组成部分。随着时间的推移,预计软件质量工程对偏微分方程代码测试的要求将更加严格,因此,关注的重点将从上述建议测试逐渐转向本书所述的代码精度阶验证流程。

第八章 代码验证操作范例

本章的目的有三个：一是举例说明第三章精度阶验证的流程；二是展示如何验证求解偏微分方程非线性系统代码的精度阶；三是讨论代码精度阶验证中的其他问题，如拟压缩项的处理。

本章验证了四种使用了各种数值方法的不同代码，以演示基于人造解方法的精度阶验证如何应用到流体动力学的非平凡方程中。

（1）代码1：使用同位变量和笛卡儿坐标系，求解时变二维 Burgers 方程。既可以应用 Dirichlet 边界条件，也可以应用 Neumann 边界条件。为了使求解稳定，使用了人工耗散。

（2）代码2：使用同位变量和曲线坐标系，求解时变二维 Burgers 方程。此处应用了时变 Dirichlet 边界条件。

（3）代码3：使用交错网格变量、笛卡儿坐标和 Dirichlet 边界条件，求解二维非定常不可压缩层流 Navier – Stokes 方程。

（4）代码4：使用同位变量、笛卡儿坐标和 Dirichlet 边界条件，求解二维非定常可压缩层流 Navier – Stokes 方程。

8.1 笛卡儿坐标中的 Burgers 方程（代码1）

Burgers 方程提供了一个简单的非线性模型，类似于流体流动控制方程。代码1在笛卡儿坐标系中求解定常和非定常 Burgers 方程。对于空间导数，该代码使用中心差分；对于时间导数，使用两点后向显式欧拉公式。变量在网格节点上并置排列。代码在空间上为二阶精度，在时间上为一阶精度，需要观测这些精度阶来验证代码。

控制方程为

$$\frac{\partial u}{\partial t} + \frac{\partial}{\partial x}(u^2) + \frac{\partial}{\partial y}(uv) = v\left(\frac{\partial^2 u}{\partial x^2} + \frac{\partial^2 u}{\partial y^2}\right) + S_u$$

$$\frac{\partial v}{\partial t} + \frac{\partial}{\partial x}(v^2) + \frac{\partial}{\partial y}(uv) = v\left(\frac{\partial^2 v}{\partial x^2} + \frac{\partial^2 v}{\partial y^2}\right) + S_v \tag{8.1}$$

式中：u 和 v 为速度分量；v 为运动黏性；S_u 和 S_v 为用于验证过程而插入控制方程的源项。

由于该代码中只有两条路径，即两个可用的边界条件选项（Dirichlet 和 Neumann）各有一条路径，因此设计一套覆盖测试相对容易。

为这种形式的因变量构造了一个稳态解：

$$\begin{cases} u(x,y,t) = u_0[\sin(x^2 + y^2 + \omega t) + \varepsilon] \\ v(x,y,t) = v_0[\cos(x^2 + y^2 + \omega t) + \varepsilon] \end{cases} \tag{8.2}$$

式中：u_0、v_0、ω 和 ε 为常数。如果常数足够小，则此解遵循 5.2.1 节中的建议。选择的常数为 $u_0 = 1.0$、$v_0 = 1.0$、$v = 0.7$ 和 $\varepsilon = 0.001$。

使用 Mathematica™ 生成源项。在人造解中设置 $\omega = 0$，获得稳态精确解和源项。我们只验证代码中的稳态选项。

8.1.1 具有 Dirichlet 边界条件的稳态解

因为代码 1 采用笛卡儿坐标，且代码处理的是更普遍的情况，所以计算域为矩形，而不是正方形。应注意不要使计算域以原点为中心，原因在于人造解围绕该点是对称的。人造解中的对称性可以隐藏编码错误，所以应避免这种情况。代码 1 使用的是简单的张量积网格，在 x 和 y 方向上具有不等数量的单元。由于可能无法检测到实现这一功能的编码错误，因此在两个方向上使用相同数量的单元并非明智之举。对于初始条件而言，采用精确解是非常具有诱惑性的。在大多数情况下，这可最大限度地减少获得离散解所需的迭代次数。然而，正如盲测示例 C.4（附录 C）所示，某些编码错误可能检测不到，所以应严格避免这种情况。为了创建初始条件，将精确解除以 100。

根据边界上人造精确解计算速度值，并作为 Dirichlet 边界条件的输入。将残差的迭代收敛容忍度设为 1×10^{-14}，使得机器舍入（而非不完全迭代收敛）是离散误差观测值的唯一因素。

在网格收敛测试中，使用了 5 个不同的网格，即 11×9、21×17、41×33、81×65 和 161×129，加密比率为 2。对于工业代码来说，很可能无法获得网格量倍增的 5 个加密等级，但倍增并非必要（例如，1.2 倍可能就足够了）。

表 8.1 给出了代码 1（Dirichlet 选项）的网格加密结果。第 1 列是网格尺寸，第 2 列是归一化 l_2（均方根）误差，第 3 列是第 2 列中序贯网格的误差

比,第4列是观测精度阶,第5列是整个计算域的最大误差,第6列、第7列是最大误差比率和观测精度阶。监控均方根和最大范数下的收敛行为具有指导意义。当然,使用任一误差范数的比率都应收敛到预期比率。表8.1显示,两个速度分量的观测精度阶为2,与理论精度阶一致。然而,只有多次执行代码验证流程的第7步、第8步和第9步后,才能证实这一点。该测试证实了在内部方程和Dirichlet边界条件的数值算法实现中不存在精度阶编码错误。关于该示例的更多详细信息,请参见Salari和Knupp所著论文[13]。

表8.1 代码1(Dirichlet选项)的网格加密结果

网格	l_2范数误差	误差比	观测精度阶	最大误差	最大误差比率	观测精度阶
速度的 u 分量						
11×9	2.77094×10^{-4}			6.49740×10^{-4}		
21×17	6.56290×10^{-5}	4.22	2.08	1.66311×10^{-4}	3.91	1.97
41×33	1.59495×10^{-5}	4.11	2.04	4.17312×10^{-5}	3.99	1.99
81×65	3.93133×10^{-6}	4.06	2.02	1.04560×10^{-5}	3.99	2.00
161×129	9.75920×10^{-7}	4.03	2.01	2.61475×10^{-6}	4.00	2.00
速度的 v 分量						
11×9	2.16758×10^{-4}			4.00655×10^{-4}		
21×17	5.12127×10^{-5}	4.23	2.08	1.03315×10^{-4}	3.88	1.96
41×33	1.24457×10^{-5}	4.11	2.04	2.58554×10^{-5}	4.00	2.00
81×65	3.05781×10^{-6}	4.06	2.02	6.47093×10^{-6}	4.00	2.00
161×129	7.61567×10^{-7}	4.03	2.01	1.61783×10^{-6}	4.00	2.00

8.1.2 具有Neumann和Dirichlet混合条件的稳态解

此代码的边界条件以四个单独的代码段来实现:

1. $(i,j) = (1,j)$
2. $(i,j) = (i_{max},j)$
3. $(i,j) = (i,1)$
4. $(i,j) = (i,j_{max})$

在第一个代码段中,需要采用覆盖测试,以验证Neumann边界条件选项。整个边界上的Neumann条件会导致非唯一解,因此本测试分为两个部分。在第一部分中,在 $i=1$ 和 $i=i_{max}$ 处,采用Neumann条件;在 $j=1$ 和 $j=j_{max}$ 处,采用Dirichlet条件(水平情况)。第二部分则与上述情况相反(垂直情况)。因此,使用这两个测试,在正方形区域的所有四个边界上测试 Neumann 选项。先前在 8.1.1 节中已验证代码的 Dirichlet 选项,所以任何与理论精度阶不匹配的情况,都应可追溯到代码 Neumann 选项中的编码错误。

第一次测试中,Neumann 条件的代码输入通过 $e(y) = \partial u/\partial x$ 和 $f(y) = \partial v/\partial x$ 给出,通过精确解计算得到

$$\begin{cases} \partial u/\partial x = +2xu_0\cos(x^2 + y^2 + \omega t) \\ \partial v/\partial x = -2xv_0\sin(x^2 + y^2 + \omega t) \end{cases} \tag{8.3}$$

在 $x = x(1)$ 和 $x = x(i_{\max})$ 处分别进行估计,此时 $\omega = 0$,y 为自变量。表 8.2 显示了速度 u 分量和 v 分量的收敛情况(水平情况),观测收敛阶为二阶。

表 8.2 代码 1(Neumann 选项)的网格加密结果(水平方向)

网格	l_2 范数误差	误差比	观测精度阶	最大误差	最大误差比率	观测精度阶
速度的 u 分量						
11×9	1.67064×10^{-3}			3.94553×10^{-3}		
21×17	3.81402×10^{-4}	4.38	2.13	1.04172×10^{-3}	3.79	1.92
41×33	9.19754×10^{-5}	4.15	2.05	2.70365×10^{-4}	3.85	1.95
81×65	2.26653×10^{-5}	4.06	2.02	6.89710×10^{-5}	3.92	1.97
161×129	5.63188×10^{-6}	4.02	2.01	1.74315×10^{-5}	3.96	1.98
速度的 v 分量						
11×9	5.04918×10^{-4}			1.53141×10^{-3}		
21×17	8.62154×10^{-5}	5.86	2.55	3.35307×10^{-4}	4.57	2.19
41×33	1.78470×10^{-5}	4.83	2.27	7.83351×10^{-5}	4.28	2.10
81×65	4.08392×10^{-6}	4.37	2.13	1.89318×10^{-5}	4.14	2.05
161×129	9.79139×10^{-7}	4.17	2.06	4.65444×10^{-6}	4.07	2.02

表 8.3 代码 1(Neumann 选项)的网格加密结果(垂直方向)

网格	l_2 范数误差	误差比	观测精度阶	最大误差	最大误差比率	观测精度阶
速度的 u 分量						
11×9	3.64865×10^{-3}			7.00155×10^{-3}		
21×17	9.22780×10^{-4}	3.95	1.98	2.20261×10^{-3}	3.18	1.67
41×33	2.30526×10^{-4}	4.00	2.00	6.08147×10^{-4}	3.62	1.86
81×65	5.75741×10^{-5}	4.00	2.00	1.58641×10^{-4}	3.83	1.94
161×129	1.43857×10^{-5}	4.00	2.00	4.05035×10^{-5}	3.92	1.97

续表

网格	l_2 范数误差	误差比	观测精度阶	最大误差	最大误差比率	观测精度阶
速度的 v 分量						
11×9	$1.49038×10^{-3}$			$2.69651×10^{-3}$		
21×17	$2.97292×10^{-4}$	5.01	2.33	$6.08252×10^{-4}$	4.43	2.15
41×33	$6.65428×10^{-5}$	4.47	2.16	$1.44098×10^{-4}$	4.22	2.08
81×65	$1.56572×10^{-5}$	4.22	2.08	$3.50711×10^{-5}$	4.11	2.04
161×129	$3.83559×10^{-6}$	4.11	2.04	$8.65109×10^{-6}$	4.05	2.02

第二次测试中,Neumann 条件的代码输入通过 $e(x) = \partial u/\partial y$ 和 $f(x) = \partial v/\partial y$ 给出,在 $y = y(1)$ 和 $y = y(j_{max})$ 处通过精确解估计,计算方式与第一次测试相同。表 8.3 显示了速度分量具有二阶收敛速率(垂直情况)。

8.2 曲线坐标中的 Burgers 方程(代码 2)

该算例用以证明:即使采用不同坐标系来求解控制方程,也无须改变人造精确解。代码 2 求解的方程与 8.1 节中的时变 Burgers 方程相同,但使用的是曲线坐标系。物理计算域(这里不再是矩形)映射到计算域中的单元为正方形,为此,控制方程需要转换为通用坐标系,并包含网格的各种导数(详见 Knupp 和 Steinberg 的著作[42])。然而,即使坐标系不同,也可以使用 8.1 节中的相同人造解来验证代码 2。这一友好的特性是由于人造解是采用物理坐标系中的自变量构造的①。

代码 2 的离散格式在空间上为二阶精度,在时间上为一阶精度。变量在网格节点上同位。这里仅实现了 Dirichlet 边界条件。由于代码包含两个选项:稳态流和非稳态流,因此需要进行两次覆盖测试。

8.2.1 稳态解

曲线坐标系可以处理更复杂的计算域,因此不应在矩形域进行代码测试。相反,对于计算域,使用以 $x = 0.4$ 和 $y = 0.2$ 为中心、内外半径分别为 0.15 和 0.70 的半环形,人造解的常数为 $v = 0.7$、$u_0 = 1.0$、$v_0 = 1.0$

---

① 可将映射考虑在内创建变换控制方程的人造解,但这时人造解要随网格而变化。这种方法不仅没有必要,而且会使精度阶验证变得不必要的复杂。

和 $\varepsilon = 0.001$,残差的迭代误差容忍度为 1.0×10^{-14},以消除观测误差中的不完全迭代收敛。

表 8.4 显示所有因变量具有二阶空间误差,验证了稳态 Dirichlet 选项;同时验证了控制方程正确完成了坐标变换,变换后的控制方程正确实现了离散化。该操作中的网格尚不具有足够的通用性,它是曲线网格,但也是正交网格。变换的交叉导数为零,且在变换后的方程中某些项并未经过测试,因此这不是一个好的选择。回顾前文,拉伸的非正交网格应该是更好的选择。采用通用曲线网格进行测试,测试过程将更加完整,同时也不会增加实现的难度。

表 8.4　代码 2(稳态选项)的网格加密结果

网格	l_2 范数误差	误差比	观测精度阶	最大误差	最大误差比率	观测精度阶
速度的 u 分量						
11×9	3.62534×10^{-3}			8.16627×10^{-3}		
21×17	8.76306×10^{-4}	4.14	2.05	2.12068×10^{-3}	3.85	1.95
41×33	2.13780×10^{-4}	4.10	2.04	5.32141×10^{-4}	3.99	1.99
81×65	5.27317×10^{-5}	4.05	2.02	1.33219×10^{-4}	3.99	2.00
161×129	1.30922×10^{-5}	4.03	2.01	3.33411×10^{-5}	4.00	2.00
速度的 v 分量						
11×9	1.46560×10^{-3}			2.80098×10^{-3}		
21×17	3.45209×10^{-4}	4.25	2.09	7.12464×10^{-4}	3.93	1.98
41×33	8.38134×10^{-5}	4.12	2.04	1.78464×10^{-4}	3.99	2.00
81×65	2.06544×10^{-5}	4.06	2.02	4.46808×10^{-5}	3.99	2.00
161×129	5.12701×10^{-6}	4.03	2.01	1.11731×10^{-5}	4.00	2.00

8.2.2　非稳态解

前一节测试了代码 2,以验证稳态解选项。为了验证代码的时间精度阶(非稳态选项),有两种基本方法。

第一种方法是同时加密时间步长和空间网格。由于代码在空间上为二阶精度,在时间上为一阶精度,因此网格倍增时需要将时间步长加密 4 倍,以获得 4.00 的观测比率。这种方法的缺点是,它有时会对计算机施加不切实际的内存要求,从而无法有把握地估计观测精度阶。另一个缺点是,如果观测精度阶与理论值不一致,则可能需要搜索代码的空间和时间部分,以识别编码错误。

第二种方法(快捷方式)采用了非常精细的网格,基于这一网格,可以假设空间截断误差减小到接近舍入水平。如果先前已经使用稳态解验证了代码的空间精度阶,或许这种假设就是合情合理的。这样就可以很好地估计出所需的网格尺寸,以将空间截断误差减小到瞬态问题中接近舍入的水平。然后,在固定的密网格上依次加密时间步长,并假设离散误差观测值仅由时间精度阶效应引起。对于稳态解而言,空间误差可以忽略不计,但对于瞬态解而言,或许空间误差是无法忽略的,因此,第二种方法比第一种方法的风险更高。如果精度阶观测值与理论值不一致,除了考虑代码的时间部分可能存在编码错误之外,还必须考虑细网格可能不够精细。在本节的示例中,由于空间精度阶已经通过了验证,因此使用了第二种方法。

为了验证代码的时间精度阶,必须确保使用初始时刻估计的人造解作为代码输入的初始条件。否则,在初始时刻之后,任何时刻的解都无法与人造解保持一致,此外,当网格加密时,离散误差不会趋于零。相反,如果验证代码中稳态解选项的精度阶,则可以使用任意初始条件(但不应使用精确稳态解作为初始条件,如盲测示例 C.4 所示)。

在验证代码的时间精度阶时,另一个问题是非稳态计算的终止时间。例如,为了节省计算时间,在最粗的时间步长上,是否可以推进了一个时间步长之后就可以终止测试?例如,在程序推进一个时间步长到时间 $t = \Delta t$ 时停止运行;第二次推进两个时间步长但在相同时刻停止运行,依此类推。事实上,可以选择推进任意的时间步长,包括第一次计算。要注意的是,不应选择在计算结果太接近稳态解时停止运行程序,这样做的后果是时间离散误差可能非常小,以至于无法识别精度阶观测值和理论值之间的不一致。

根据 8.2.1 节的结果,可以合理地预计,161×129 网格足以将瞬态问题中的空间离散误差降低到最低水平。在后续 5 次运行中,每次都用到了该网格,时间步长从 8.0×10^{-6} 到 0.5×10^{-6} 不等。每次运行时,速度都进行了同样的初始化,也在相同时刻停止(8.0×10^4s,在接近稳态之前早已终止)。

表 8.5 显示了速度 u 分量和 v 分量的收敛行为。两个变量均显示出一阶精度,与理论精度阶一致。

表 8.5 代码 2(稳态选项)的网格加密结果

网格	l_2 范数误差	误差比	观测精度阶	最大误差	最大误差比率	观测精度阶
速度的 u 分量						
11×9	2.70229×10^{-3}			9.62285×10^{-3}		
21×17	9.44185×10^{-4}	2.86	1.52	3.15348×10^{-3}	3.05	1.61
41×33	4.12356×10^{-4}	2.29	1.20	1.34886×10^{-3}	2.34	1.23
81×65	1.94240×10^{-4}	2.12	1.09	6.42365×10^{-4}	2.10	1.07
161×129	9.45651×10^{-5}	2.05	1.04	3.14321×10^{-4}	2.04	1.03
速度的 v 分量						
11×9	3.82597×10^{-4}			9.72082×10^{-4}		
21×17	1.46529×10^{-4}	2.61	1.38	3.98178×10^{-4}	2.44	1.29
41×33	6.59684×10^{-5}	2.22	1.15	1.83016×10^{-4}	2.18	1.12
81×65	3.14993×10^{-5}	2.09	1.07	8.81116×10^{-5}	2.08	1.05
161×129	1.54609×10^{-5}	2.04	1.03	4.33979×10^{-5}	2.03	1.02

8.3 不可压缩 Navier–Stokes 方程(代码 3)

代码 3 中的控制方程为

$$\begin{cases} \dfrac{1}{\beta}\dfrac{\partial p}{\partial t} + \dfrac{\partial u}{\partial x} + \dfrac{\partial v}{\partial y} = S_p \\ \dfrac{\partial u}{\partial t} + \dfrac{\partial}{\partial x}\left(u^2 + \dfrac{p}{\rho}\right) + \dfrac{\partial}{\partial y}(uv) = v\left(\dfrac{\partial^2 u}{\partial x^2} + \dfrac{\partial^2 u}{\partial y^2}\right) + S_u \\ \dfrac{\partial v}{\partial t} + \dfrac{\partial}{\partial y}\left(v^2 + \dfrac{p}{\rho}\right) + \dfrac{\partial}{\partial x}(uv) = v\left(\dfrac{\partial^2 v}{\partial x^2} + \dfrac{\partial^2 v}{\partial y^2}\right) + S_v \end{cases} \quad (8.4)$$

式中:u 和 v 为速度分量;p 为压力;ρ 是密度;v 为运动黏性;β 为拟压缩常数;S_p、S_u 和 S_v 是仅仅用于验证目的而插入方程的源项。拟压缩项为非物理项,主要用以提供稳定的数值算法。

本算例采用基于交错网格的有限体积法,其中速度位于单元界面,压力位于节点。通过虚拟单元施加边界条件。代码在节点处输出数值解;采用双线性插值(二阶精度)计算出节点上的速度分量。压力空间离散的理论精度为一阶,速度分量空间离散为二阶。需观测这些精度阶,从而验证代码精度阶。

由于代码中只有一条路径,因此对于该代码来说,设计一套覆盖测试相对容易。为因变量构造如下形式的稳态解:

$$\begin{cases} u(x,y) = u_0[\sin(x^2+y^2)+\varepsilon] \\ v(x,y) = v_0[\cos(x^2+y^2)+\varepsilon] \\ p(x,y) = p_0[\sin(x^2+y^2)+2] \end{cases} \quad (8.5)$$

式中:u_0、v_0、P_0 和 ε 为常数。如果常数足够小,则此解遵循 5.2.1 节中的建议。此处选择的常数为 $u_0 = 1.0$、$v_0 = 1.0$、$p_0 = 1.0$、$\rho = 1$、$v = 0.5$ 和 $\varepsilon = 0.001$。

使用 Mathematica™ 生成源项。由于接近稳态解时,拟压缩项趋近于零,因此连续方程的源项无需包含拟压缩项的贡献。或者,可以在源项中考虑拟压缩项,这对观测精度阶没有影响。在本测试中,并未在源项中考虑拟压缩项。

因为代码采用笛卡儿坐标,且代码处理的是更普遍的情况,所以计算域为矩形,而不是正方形。注意不要使计算域以原点为中心,原因在于人造解是关于原点对称的。代码3采用了简单的张量积网格,其 x 和 y 方向上具有不等数量的单元。根据人造解计算边界上的速度和压力,将其作为 Dirichlet 边界条件的输入。为了设置初始条件,将精确稳态解除以 100。计算中设置 $\beta = 40.0$。将残差的迭代收敛容忍度设为 1×10^{-12},这时机器舍入是唯一的因素。

在网格收敛测试中,使用了5套不同的网格,即 11×9、21×17、41×33、81×65 和 161×129,网格加密比为2。表8.6展示了基于节点值的计算误差,以及所有计算变量的观测精度阶。列表结果显示了速度 u 分量和 v 分量的二阶收敛特性和压力的一阶收敛特性。然而,只有多次执行代码验证流程的第7步、第8步和第9步后,才能得到这一点。值得注意的是,这些结果还验证了后处理步骤中计算节点处的速度采用的双线性插值。有关该示例的更多详细信息,请参见 Salari 和 Knupp 所著论文[13]。

表 8.6 代码 3 的网格加密结果

网格	l_2范数误差	误差比	观测精度阶	最大误差	最大误差比率	观测精度阶
压力						
11×9	7.49778×10^{-4}			1.36941×10^{-3}		
21×17	3.98429×10^{-4}	1.88	0.91	5.90611×10^{-4}	2.32	1.21
41×33	2.02111×10^{-4}	1.97	0.98	2.49439×10^{-4}	2.37	1.24
81×65	1.00854×10^{-4}	2.00	1.00	1.13466×10^{-4}	2.20	1.14
161×129	5.00212×10^{-5}	2.02	1.01	5.71929×10^{-5}	1.98	0.99
速度的 u 分量						
11×9	8.99809×10^{-3}	3.86235×10^{-2}				
21×17	2.04212×10^{-3}	4.41	2.14	9.65612×10^{-3}	4.00	2.00
41×33	4.79670×10^{-4}	4.26	2.09	2.43770×10^{-3}	3.96	1.99
81×65	1.15201×10^{-4}	4.16	2.06	6.09427×10^{-4}	4.00	2.00
161×129	2.80641×10^{-5}	4.10	2.04	1.52357×10^{-4}	4.00	2.00
速度的 v 分量						
11×9	1.65591×10^{-3}	4.76481×10^{-3}				
21×17	4.05141×10^{-4}	4.09	2.03	1.19212×10^{-3}	4.00	2.00
41×33	1.01449×10^{-4}	3.99	2.00	2.98088×10^{-4}	4.00	2.00
81×65	2.55309×10^{-5}	3.97	1.99	7.45257×10^{-5}	4.00	2.00
161×129	6.41893×10^{-6}	3.98	1.99	1.86316×10^{-5}	4.00	2.00

8.4 可压缩 Navier–Stokes 方程(代码 4)

本节将要论述的是,OVMSP 流程适用于比前文提到的更为复杂的控制方程。可压缩 Navier–Stokes 方程包括与流动方程耦合的能量方程。代码 4 采用基于笛卡儿坐标系的有限差分法求解二维时变层流可压缩 Navier–Stokes 方程。离散代码在空间上为二阶精度,在时间上为一阶精度,因变量与节点同位。

代码 4 中的控制方程为

$$\begin{cases} \dfrac{\partial \rho}{\partial t} + \dfrac{\partial}{\partial x}(\rho u) + \dfrac{\partial}{\partial y}(\rho v) = c_\rho \left[(\Delta x)^4 \dfrac{\partial^4 \rho}{\partial x^4} + (\Delta y)^4 \dfrac{\partial^4 \rho}{\partial y^4} \right] + S_\rho \\[6pt] \dfrac{\partial}{\partial t}(\rho u) + \dfrac{\partial}{\partial x}(\rho u^2 + p) + \dfrac{\partial}{\partial y}(\rho uv) = \dfrac{\partial}{\partial x}(\tau_{xx}) + \dfrac{\partial}{\partial y}(\tau_{xy}) + S_u \\[6pt] \quad + c_{\rho u}\left[(\Delta x)^4 \dfrac{\partial^4 (\rho u)}{\partial x^4} + (\Delta y)^4 \dfrac{\partial^4 (\rho u)}{\partial y^4} \right] \\[6pt] \dfrac{\partial}{\partial t}(\rho v) + \dfrac{\partial}{\partial y}(\rho v^2 + p) + \dfrac{\partial}{\partial x}(\rho uv) = \dfrac{\partial}{\partial x}(\tau_{xy}) + \dfrac{\partial}{\partial y}(\tau_{yy}) + S_v \\[6pt] \quad + c_{\rho v}\left[(\Delta x)^4 \dfrac{\partial^4 (\rho v)}{\partial x^4} + (\Delta y)^4 \dfrac{\partial^4 (\rho v)}{\partial y^4} \right] \\[6pt] \dfrac{\partial}{\partial t}(\rho e_t) + \dfrac{\partial}{\partial x}u(\rho e_t + p) + \dfrac{\partial}{\partial y}v(\rho e_t + p) = \dfrac{\partial}{\partial x}(u\tau_{xx} + v\tau_{xy} - q_x) \\[6pt] \quad + \dfrac{\partial}{\partial y}(u\tau_{xy} + v\tau_{yy} - q_u) + S_v + c_{\rho e}\left[(\Delta x)^4 \dfrac{\partial^4 (\rho e_t)}{\partial x^4} + (\Delta y)^4 \dfrac{\partial^4 (\rho e_t)}{\partial y^4} \right] \end{cases}$$

(8.6)

式中:黏性应力张量 τ_{ij} 的分量由下式给出:

$$\begin{cases} \tau_{xx} = \dfrac{2}{3}\mu\left(2\dfrac{\partial u}{\partial x} - \dfrac{\partial v}{\partial y}\right) \\[6pt] \tau_{yy} = \dfrac{2}{3}\mu\left(2\dfrac{\partial v}{\partial y} - \dfrac{\partial u}{\partial x}\right) \\[6pt] \tau_{xy} = \mu\left(\dfrac{\partial u}{\partial y} + \dfrac{\partial v}{\partial x}\right) \end{cases} \quad (8.7)$$

假设热传导满足傅里叶定律,则 q 可表示为

$$\begin{cases} q_x = -\kappa \dfrac{\partial T}{\partial x} \\[6pt] q_y = -\kappa \dfrac{\partial T}{\partial y} \end{cases} \quad (8.8)$$

采用理想气体的状态方程封闭方程组:

$$p = (\gamma - 1)\rho e \quad (8.9)$$

其中总能为

$$e_t = e + \frac{1}{2}(u^2 + v^2) \tag{8.10}$$

在这些方程中：u 和 v 为速度分量；T 为温度；p 为压力；ρ 为密度；e 为内能；e_t 为总能量；μ 为分子黏性；κ 为热导率；γ 为比热比。将源项 S_ρ、S_u、S_v 和 S_e 专门添加到控制方程中，以构造精确解。每个方程都包含一个常用的四阶耗散项，用以提供稳定的数值方法。耗散项的大小由常数 C_ρ、C_u、C_v 和 C_e 控制。由于耗散项涉及 Δx 和 Δy，因此这些项会随网格尺寸而变化，同时，随着网格的细化，它们对解的作用将减小到零。

由于代码中只有一条路径，因此对于代码 4 来说，设计一套覆盖测试相对容易。为因变量构造如下形式的稳态解：

$$\begin{cases} u(x,y,t) = u_0 [\sin(x^2 + y^2 + \omega t) + \varepsilon] \\ v(x,y,t) = v_0 [\cos(x^2 + y^2 + \omega t) + \varepsilon] \\ \rho(x,y,t) = \rho_0 [\sin(x^2 + y^2 + \omega t) + 1.5] \\ e_t(x,y,t) = e_{t0} [\cos(x^2 + y^2 + \omega t) + 1.5] \end{cases} \tag{8.11}$$

式中：u_0、v_0、ρ_0、e_{t0} 和 ε 为常数。如果常数足够小，则此解遵循 5.2.1 节中的建议。选择的常数为 $u_0 = 1.0$、$v_0 = 0.1$、$\rho_0 = 0.5$、$e_{t0} = 0.5$、$\gamma = 1.4$、$\kappa = 1.0$、$\mu = 0.3$ 和 $\varepsilon = 0.5$，常数 C_ρ、C_u、C_v 和 C_e 设为 0.1。

使用 Mathematica™ 生成源项。源项中是否需考虑耗散项效应，相关讨论请参见 9.5 节。由于源项总是以线性方式出现在控制方程中，因此，对于非线性方程组而言，人造解和源项的创建难度不比线性方程组更困难。

因为代码采用笛卡儿坐标系，且代码处理的是更普遍的情况，所以计算域为矩形，而不是正方形。注意不要使计算域以原点为中心，原因在于人造解是关于原点对称的。代码 4 采用了简单的张量积网格，其 x 和 y 方向上具有不等数量的单元。根据人造解计算边界上的速度和压力，将其作为 Dirichlet 边界条件的输入。将初始时刻的人造解除以 100，作为初始条件的输入。将残差的迭代收敛容忍度设为 1.0×10^{-4}，这时机器舍入是唯一的因素。

在网格收敛测试中，使用了 5 套不同的网格，即 11×9、21×17、41×33、

81×65 和 161×129,加密比为 2。计算得到稳态解,将其与精确解进行比较。表 8.7 展示了基于节点值的计算误差,以及所有计算变量的观测精度阶。列表结果显示了所有因变量的空间二阶收敛特性。

表 8.7 代码 4 的网格加密结果

网格	l_2 范数误差	误差比	观测精度阶	最大误差	最大误差比率	观测精度阶
密度						
11×9	6.70210×10^{-3}			2.31892×10^{-2}		
21×17	8.68795×10^{-4}	7.71	2.95	3.90836×10^{-3}	5.93	2.57
41×33	1.60483×10^{-4}	5.41	2.44	7.70294×10^{-4}	5.07	2.34
81×65	3.43380×10^{-5}	4.67	2.22	2.02016×10^{-4}	3.81	1.93
161×129	7.99000×10^{-6}	4.30	2.10	5.24471×10^{-5}	3.85	1.95
速度的 u 分量						
11×9	5.46678×10^{-4}			1.05851×10^{-3}		
21×17	1.21633×10^{-4}	4.49	2.17	2.47530×10^{-4}	4.28	2.10
41×33	2.93800×10^{-5}	4.14	2.05	6.05250×10^{-5}	4.09	2.03
81×65	7.24968×10^{-6}	4.05	2.02	1.49461×10^{-5}	4.05	2.02
161×129	1.80200×10^{-6}	4.02	2.01	3.72287×10^{-6}	4.01	2.01
速度的 v 分量						
11×9	1.88554×10^{-3}			6.61668×10^{-3}		
21×17	3.09664×10^{-4}	6.09	2.61	8.57300×10^{-4}	7.72	2.95
41×33	6.14640×10^{-5}	5.04	2.33	1.35348×10^{-4}	6.63	2.66
81×65	1.33259×10^{-5}	4.61	2.21	3.16506×10^{-5}	4.28	2.10
161×129	3.12715×10^{-6}	4.26	2.09	7.61552×10^{-6}	4.16	2.06
能量						
11×9	2.15937×10^{-4}			5.12965×10^{-4}		
21×17	5.27574×10^{-5}	4.09	2.03	1.24217×10^{-4}	4.13	2.05
41×33	1.32568×10^{-5}	3.98	1.99	3.17437×10^{-5}	3.91	1.97
81×65	3.32396×10^{-6}	3.99	2.00	7.99370×10^{-6}	3.97	1.99
161×129	8.31847×10^{-7}	4.00	2.00	2.00623×10^{-6}	3.98	1.99

然而，只有多次执行代码验证流程的第7步、第8步和第9步后，才能实现这一点。尽管验证代码的时间精度阶并非难事，但未曾尝试。有关该示例的更多详细信息，请参见 Salari 和 Knupp 所著论文[13]。

第九章 进阶主题

本书的前六章介绍了详细的代码精度阶验证流程。该流程可用于验证任何偏微分方程代码的精度阶，可能暴露出编码的各种错误。为了确保测试工作周密完善、正确无误，提出了各项指示说明与注意事项。本章将研究代码精度阶验证期间可能出现的其他问题。

9.1 计算机平台

某一代码已在一个计算机平台上完成了精度阶验证，即表示该代码在所有其他平台上完成了验证，无须在其他平台上进行额外的测试。如果事实并非如此，那就意味着，在另一个平台上运行时可能会出现额外的编码错误。然而，不同平台之间的数值解仅会因舍入误差而有所不同。如前所述，舍入误差不应影响精度阶观测值。

9.2 查 找 表

计算机代码中的查找表是一个函数，函数中的值取决于表中的条目。在某些偏微分方程代码中，查找表用以对封闭方程组的本构关系进行定义，如状态方程。通常，水、冰等物质的状态方程可以表格形式定义。原则上，为了进行精度阶验证，可以将查找表纳入人造精确解的源项中（至今从未实现）。由于源项不会独立于查找表，因此，即使在精度阶验证测试中完成了这一操作，也无法识别出查找表中的错误。确定查找表正确与否的唯一方法是，将表中的条目与创建查找表所依据的参考进行直观地比较。查找表的采用，并不妨碍像往常一样通过验证流程来验证代码的其余部分。如果查找表是代码提供的唯一本构关系，则既可以修改代码绕过此表，如添加常数的本构关系来验证代码的其余部分，也可以将此表纳入源项中。

9.3　自动时间推进选项

用于模拟非稳态或瞬态现象的代码通常具备输入随时间变化的边界条件的功能[①]。要验证瞬态模拟的时间精度阶,精确解就必须是随时间变化的。在精度阶验证测试中,根据精确解(或其导数)计算出随时间变化的边界条件输入值。如果提前知道精确解,则瞬态模拟的精度阶验证毫无困难。

某些代码具有自动时间步长调整功能,即在计算过程中,可以根据一些固有内部标准增大或减小时间步长。高度非线性问题通常会包含这些选项,以提高收敛特性。由于事先并不知晓此类计算的时间尺度,因此这些选项通常与插值格式结合使用。采用插值格式,可以从一组采样点估计任何时间水平的边界数据。如果边界处的解具有复杂的时变行为,则需要大量采样点才能准确描述其行为。为了合理设计此类格式,插值法的时间精度阶应与时间离散方法相同或更高。

从代码精度阶验证的角度来看,由于无法事先知道选择哪些时间尺度,从而也不知道输入哪些边界条件数据,因此,最好尽量避免采用自动时间推进选项。一种方法是提供足够数量的采样点,以使插值误差大致减小到舍入误差水平,但这种方法通常并不实用。另一种方法是构造边界上恒定或呈线性变化的人造解,以使插值误差为零。如果插值误差不为零,观测精度阶很可能与理论精度阶不一致,从而错误地指示编码错误。

9.4　固有边界条件

少数偏微分方程代码具有固有边界条件,即用户无法控制的边界条件。例如,典型的通量边界条件为

$$K \frac{\partial h}{\partial n} = P \tag{9.1}$$

虽然大多数代码允许用户输入函数 P 的值,但某些油藏模拟代码具有

[①] 关于对能够模拟瞬态现象但不允许时变边界条件代码的验证,请参见9.4节固有边界条件的相关内容。

固有的 P 值,即 $P=0$,产生零法向通量条件:

$$K\frac{\partial h}{\partial n} = 0 \qquad (9.2)$$

在这种边界条件下,建模者无法更改边界条件的值。这种实现方法似乎会给第五章所述的人造解方法带来问题。回想一下,在大多数情况下,切实可行的方法是:先选择内部方程的精确解,再计算平衡方程的源项,然后选择适当的通用问题计算域。采用精确解评估边界上的相关量(如通量),从而计算出各类待测边界条件的输入值。在该示例中,可以计算 h 的法向导数,乘以 K,并将 P 的结果值用作代码输入。当 P 固定为零时,除非边界上的法向导数恰好为零,否则无法采用这种方法。

因此,在固有的零通量边界条件下,要使人造解方法可行,就必须构造一个精确解,其梯度在某个闭合曲线或曲面上为零;然后选择该曲线或曲面作为计算域边界,确保边界上的通量精确为零。例如,在 Roache 等[10] 的论文中,采用正方形计算域上的如下精确解来测试固有的零通量条件:

$$h(x,y) = \cosh\pi + \cos\left(\pi\frac{x}{a}\right)\cosh\left(\pi\frac{y}{a}\right) \qquad (9.3)$$

在边界曲线 $x=0$、$x=a$ 和 $y=0$ 处,h 的法向导数为零,因此可以采用该解来测试正方形三条边界上零通量条件的代码。为了测试 $y=a$ 边界上的边界条件,需要构造另一个类似的人造解。因此,固有边界条件的存在,使得边界条件、精确解和计算域选择之间的耦合比其他情况更为紧密。

如果为固有边界条件构造精确解的方法太困难,则有一种替代方法是进入源代码并更改边界条件,使其值不固定。在示例中,可以修改代码,使得边界条件为更加通用的非零通量条件,那么,无须保证精确解的梯度沿特定曲线为零。然而,其缺点在于,修改不熟悉的代码并非易事,而且还存在引入编码错误的风险。此外,可能无权修改源代码。出于这些原因,如果可能的话,更倾向于采用第一种方法。

还有一种难度稍大但仍能处理的情况,即具有固有边界条件的代码进行非稳态流模拟。例如,具有零通量边界条件的油藏代码,能够处理时变涌流抽吸率,由此导致非稳态流问题。在这种情况下,人造精确解的梯度必须在时间域内某个边界上始终保持为零。为了满足上述要求,通常可以采用形式 $F(x,y,z)G(t)$ 的精确解,其中 F 的法向梯度在边界上为零。

9.5 含人工耗散项的代码

为了保持稳定,在一些数值方法中,需要将非物理人工耗散项添加到控制方程中。将这些项随网格变化,随着网格的加密,其影响会逐渐减弱,并趋向于零。在本节中,考虑在验证含人工耗散项的代码时,是否应将这些项纳入人造解的源项之中。通常,耗散项进行离散的总体精度阶大于或等于代码本身的精度阶,因此,只要项中的某些常数足够小,这些项在计算中就不起支配作用。例如,可以将以下耗散项添加到 Burgers 方程的 u 和 v 方程中:

$$c_u\left[(\Delta x)^4 \frac{\partial^4 u}{\partial x^4} + (\Delta y)^4 \frac{\partial^4 u}{\partial y^4}\right]$$

$$c_v\left[(\Delta x)^4 \frac{\partial^4 v}{\partial x^4} + (\Delta y)^4 \frac{\partial^4 v}{\partial y^4}\right]$$

如果四阶导数用二阶精度离散,则耗散项为六阶精度。因此,在添加耗散项时,代码 1 的总体理论精度阶仍为二阶精度。随着网格的加密,原始 Burgers 方程得以恢复。

现在,再考虑在构造人造解的源项期间,是否需要考虑耗散项效应。如果人造解中的源项考虑了这些耗散项效应,那么源项就会随网格变化,但这并不损害代码精度阶验证流程,因而不会造成问题。由于耗散项为六阶精度,因此在创建人造解的源项时,人们可能会忽略耗散项效应。毕竟,如果 c_u 和 c_v 足够小,随着网格的加密,耗散项会迅速趋近于零。然而,有观点认为,必须在源项中考虑耗散项效应,其理由在于,如果耗散项的实现过程中存在编码错误,代码观测精度阶就会小于理论精度阶。但在这一具体的例子中,观察到控制方程的总体理论精度阶为二阶,这便反驳了上述观点。耗散项中的编码错误要使总体观测精度阶降低至二阶以下,耗散项中某些四阶导数的观测精度阶就必须低于负二阶,这种情况几乎是不可能发生的。因此,在这一例子中,将耗散项效应排除在源项之外是安全稳妥的。对于本示例以外的情况,耗散项对源项的效应也可忽略不计。当然将此效应始终纳入源项中,是最安全的做法。

为了说明将耗散项效应纳入源项中不会带来困难,将这些耗散项添加到代码 1 中,再采用人造解重复进行精度阶测试。此时的人造解与无耗散项时用到的人造解相同。c_u 和 c_v 均为 0.01,问题的其他常数仍与 8.1 节中的常数相同。表 9.1 显示了速度 u 分量和 v 分量的计算误差和观测精度阶的行为。观察到观测精度阶为二阶,表明将耗散项效应纳入源项中不会引发任何问题。

表 9.1 代码 1(含耗散项)的网格加密结果

网格	l_2 范数误差	误差比	观测精度阶	最大误差	最大误差比率	观测精度阶
速度的 u 分量						
11×9	2.76688×10^{-4}			6.48866×10^{-4}		
21×17	6.56001×10^{-5}	4.22	2.08	1.66252×10^{-4}	3.90	1.96
41×33	1.59476×10^{-5}	4.11	2.04	4.17171×10^{-5}	3.99	1.99
81×65	3.93120×10^{-6}	4.06	2.02	1.04557×10^{-5}	3.99	2.00
161×129	9.75887×10^{-7}	4.03	2.01	2.61467×10^{-6}	4.00	2.00
速度的 v 分量						
11×9	2.16866×10^{-4}			4.00813×10^{-4}		
21×17	5.12199×10^{-5}	4.23	2.08	1.03325×10^{-4}	3.88	1.96
41×33	1.24462×10^{-5}	4.12	2.04	2.58560×10^{-5}	4.00	2.00
81×65	3.06783×10^{-6}	4.06	2.02	6.47095×10^{-6}	4.00	2.00
161×129	7.61550×10^{-7}	4.03	2.01	1.61780×10^{-6}	4.00	2.00

9.6 特征值问题

在 Dirichlet 边界条件下,典型特征值问题的形式为

$$\Delta u + \lambda u = 0$$

函数 $u(x,y,z)$ 和特征值 λ 均为未知数,要构造精确解,简便之策是选择下式作为特征函数:

$$u(x,y,z) = \sin(ax)\sin(by)\sin(cz)$$

特征值为

$$\lambda = a^2 + b^2 + c^2$$

问题计算域由待验代码能够处理的最通用计算域决定。在某些情况下,可以将源项添加到基本方程中,此时特征值方程可能更为复杂。例如,将上述方程修改为

$$\Delta u + \lambda u = g$$

即可自由选择彼此独立的 u 和 λ。Pautz[16]采用后一种方法,构造了单能 K - 特征值辐射输运方程的解。人造精确解由径向函数乘以球谐函数之和组成。由于代码中现成的源项提供了额外的自由度,因此可以自由选择特征值 K。

9.7　解的唯一性

非线性微分方程的精确解不一定是唯一的。然而,这并不一定会给代码精度阶验证带来问题,仍然可以构造非线性方程的解,并检验数值解是否以正确的精度阶收敛到该解。如果是,则代码精度阶通过了验证;如果不是,则可能并不存在编码错误,而是正确实现的数值算法收敛到另一个合理的解。对于某些求解非线性方程的代码而言,在验证其精度阶时,这或许就是一个重大问题。尽管许多非线性方程的代码已经通过验证,但迄今为止,还没有发生这种情况的任何案例。

一个相关的主题关注收敛到物理上错误解的数值算法(如在激波物理学中,违反熵条件的方法)的存在性。本书认为,这属于数值算法开发问题,而非代码精度阶验证问题。原因在于,出现这一现象,并不意味着方程求解有误,只能说明此解为非物理解。

如果构造了一个违反熵条件的精确解,并使用此解来验证数值算法服从熵条件的代码,那么数值解很可能不会收敛到人造解。

9.8　解的光滑性

解的光滑性是指精确解所具有导数的数量。如果一个函数的某个域 Ω 上存在前 n 阶导数,但不存在 $n+1$ 阶导数,则该函数位于 n 次可微函数的空间 $C^n(\Omega)$ 中。例如,C^0 函数是连续函数,但不是可微函数。有趣的是,n 阶偏微分方程的精确解不一定属于 C^m,其中 $m \geq n$。例如,二阶方程为

$$\frac{\partial}{\partial x} K(x) \frac{\partial u}{\partial x} = 0$$

边界条件为 $u(-1)=0$ 和 $u(1)=3$。如果系数不连续,例如,当 $x<0$ 时,$K(x)=2$,当 $x>0$ 时,$K(x)=4$,则解为 $C^0:u(x)=2x+2(x<0),u(x)=x+2(x>0)$。

可以编写代码,采用构造的数值算法来求解该模型问题的解。即使系数不连续,数值算法也能将非光滑解近似为二阶精度。如果想要验证该代码的精度阶,是否必须使用间断的系数和C^0连续的精确解?答案是否定的,连续系数和C^0连续的解就足以验证代码精度阶了。如果代码的理论精度阶通过验证,则不会出现对观测精度阶产生不利影响的编码错误,无须单独的代码路径来处理间断系数的情况。代码中路径只有一条,可以利用连续系数进行充分的验证。

这一结论可以推广到其他能够产生非光滑解的代码。例如,有限元代码通过将微分方程乘以无限可微的局部测试函数,并对方程进行积分,得到方程弱形式。当验证代码的精度阶时,可以采用光滑精确解,即使代码能够产生非光滑解。

本节末尾还要指出两点:其一,使用具有不同光滑性的精确解进行一系列的代码测试,用以描述数值算法的特性,是一种合理的做法,但这并非代码精度阶验证的目的,而属于数值算法开发的范畴(7.1节);其二,在观察光滑问题的特定收敛速率时,不应误认为代码在所有问题中都具有相同的收敛速率。

9.9 含激波捕获格式的代码

学者们设计了包括通量限制器的特殊数值算法,用以准确地捕捉不连续现象,如流体动力学中的激波。将一维对流扩散算子$u_{xx}+au_x$作为模型问题。如果采用二阶精度近似含u一阶导数的对流项,可能得到非物理振荡解。为了避免这一问题,以往是将对流项近似为一阶。这种方法给出了非振荡解,但模型总体精度为一阶精度。为了提高离散的精度阶,引入通量限制器作为对流项近似的替代方法。在典型的通量限制数值算法中,如果解是光滑解,则对流扩散方程的总体精度为二阶精度;如果解是非光滑解,如可能因为计算域某些位置激波的存在,方程在激波区域的精度阶介于一阶和二阶之间。

本节考虑如何对含有通量限制器选项的代码进行精度阶验证。由于激波解是非光滑解,因此,这一问题与上一节中关于解的光滑性的讨论密切相关。本节的主要区别在于,实现通量限制器的代码包含多条路径。因此,上一节中关于光滑解足以验证精度阶的论点,在此处并不成立。

为了验证通量限制器代码选项的精确阶,首先应采用光滑精确解来测试代码中不涉及通量限制器的部分。此外,如果解是光滑解,此类测试也将验证通量限制器选项。然后,可以采用非光滑(或快速变化)的精确解来测试通量限制器。对于给定的限制器,如果观测精度阶在理论精度阶的规定范围内(在本节的模型问题中为一阶和二阶之间),则限制器的精度阶通过验证。如果观测精度阶不在预期范围内,则应考虑限制器中是否存在编码错误。

9.10 无阶近似代码的处理

在代码精度阶验证中,偶尔会遇到无阶近似的偏微分方程代码。此类代码具有不根据连续微分关系提出的边界条件或其他选项。相反,这些选项是根据某组代数关系提出的,这些代数关系是某个区域边界上物理行为的建模近似。无阶近似的示例包括流体动力学代码中的出流边界条件模型、MODFLOW[44]中用于模拟无压含水层的"再润湿"选项以及石油工业中使用的某些涌流模型。无阶近似的特征是,当网格尺寸趋于零时,代数方程不会收敛到任何连续的数学表达式。在许多情况下,无阶模型使得网格加密变得无意义。

对于依赖网格加密的代码精度阶验证方法而言,无阶近似带来了严重的问题。原因有两个:一是通常无法进行有意义的网格加密;二是近似没有理论的精度阶。在大多数情况下,当网格尺度趋于零时,由于底层微分方程不存在相容的离散,因此数值解不会收敛。根据定义,由于无阶近似没有底层连续性方程,因此无法验证采用这种近似的代码精度阶。对于包含无阶近似选项的控制方程,找到其精确解是难以完成或无法完成的任务。因此,对于代码验证而言,无阶近似之所以会带来困难,并非因为采用了人造精确解;对于正推法来说,这种困难也是真实存在的。

对于包含无阶近似的代码,通常只需对其中有阶近似的部分进行局部精度阶验证。在任何实际情况下,涉及无阶近似的代码选项都无法验证其精度阶。采用无阶近似违反了通过偏微分方程模拟物理现象的基本范式,因此,无法对此类近似进行精度阶验证也就不足为奇了。出于这些原因,本书赞同 Roache 的观点:基于物理建模近似的偏微分方程代码应以连续性方程的形式来表示,而连续性方程可采用有阶近似进行离散[31]。对于未使用有阶近似的代码选项,应持怀疑态度。

应注意到,代码中的微分控制方程不再是物理现实的完整模型,而计算机代码本身成为了现实的模型,这是代码中建模近似所带来的不可避免的负面效应。于是,要探讨的是代码确认,而非模型确认。因此,对于支持采用建模近似的偏微分方程代码开发者而言,在代码验证方面能力有限,更需要的是代码确认。

第十章 总结与结论

本书详细描述了基于人造解方法的精度阶验证流程,用于验证偏微分方程代码的精度阶。如果严格遵循了此流程,将有力证明任何影响观测精度阶的编码错误均已消除。从根本上讲,要证明编码错误均已消除,就需要表明,对于网格加密生成的微分方程数值解,其观测精度阶与数值算法的理论精度阶一致。

偏微分方程代码仅是求解一组(或多组)特定微分控制方程数值算法的计算机实现方式。控制方程取决于拟模化的物理过程。微分控制方程由内部方程组、边界条件、初始条件、系数和计算域组成。这组方程可用于预测大量物理系统在各种输入条件下的行为。

使用数值算法求解微分控制方程组,包括空间和时间的离散、具有理论精度阶的一组近似解,以及代数方程组求解器。数值算法及其特性不依赖于任何特定的计算机代码。偏微分方程代码主要由基于数值算法实现的输入和输出程序组成。

用于验证偏微分方程代码精度阶的流程共包含10个步骤。其中,关键步骤包括:确定控制方程和理论精度阶,设计覆盖测试套件,构建人造精确解,确定各覆盖测试的代码输入,利用网格加密生成一系列数值解,计算离散误差和观测精度阶,当观测精度阶与理论值不一致时,查找编码错误。

在设计覆盖测试时,首先确定代码功能和通用性,并根据当前目的确定需验证的具体功能。应尽力遵守偏微分方程代码测试的基本规则,即构建足以充分测试相关代码功能的通用测试问题。

可以利用人造精确解法,获得通用的精确解。在此方法中,首先根据提供的准则选择一个解析解,确保此解适合。然后,根据某些准则确定微分算子系数。将确定好的微分算子应用于人造解,计算出源项,确保人造解确实是控制方程的解。由于源项是分布式解,偏微分方程代码必须能够处理网格中每个单元或节点的源项输入数据。值得注意的是,一般来说,生成非线性方程人造解的难度没有比线性方程更大,生成耦合方程组人造解的难度也不比非耦合方程组更大。人造解的构建与基础数值算法的选择关系不大,可以使用有限差分、有限体积和有限元代码。人造解不必是物理真实解,它的目的仅是验证代码的理论精度阶。

对于由简单解析函数构成的人造解,可以利用计算机轻松准确地进行估计。将初始时刻代入解析表达式后,便可直接确定初始条件。选择合适的计算域,确保能够测试关于计算域的全部代码功能。确定了计算域及其边界后,便可估计边界条件所需的输入值。将边界位置代入人造解的表达式,可获得 Dirichlet 边界输入数据。如需 Neumann 边界输入数据,通过对人造解解析地微分,获得解梯度表达式,然后将边界位置代入解梯度的解析表达式。许多其他类型的边界条件都是 Dirichlet 和 Neumann 边界条件的组合,因此,计算这类边界条件的输入数据同样可行。高阶边界条件也可采用类似方式处理。

然后,利用一系列网格生成一系列数值解。创建网格时,最好是采取粗化现有精细网格的方式。利用这些解算出观测精度阶,并与理论值进行比较。如果两者不一致,则说明测试实现过程出错,或者偏微分方程代码出错。应慎重考虑前者出现的可能性。如果发现任何错误,则需消除错误,并重新测试。在确信测试实现过程无错之后,若两者之间仍不一致,则最有可能的原因是偏微分方程的编码错误。应逐一根除这些编码错误,直到观测精度阶与理论值一致,然后再进行下一个覆盖测试。

完成所有覆盖测试后,代码精度阶视为通过验证。显然,根据定义,如果代码精度阶通过验证,则所有影响观测精度阶的编码错误均已被消除。已经通过一系列示例证明,这些编码错误包括所有动态编码错误,但不含影响鲁棒性和效率的编码错误。精度阶验证对某些看似最微不足道的编码错误十分敏感。

在很大程度上,精度阶验证流程可以自我修正,即如果流程中某个步骤出现了一个错误,那么在后续步骤中基本都能检测出来。例如,在人造解的构建、代码输入、源项实现和离散误差计算过程中出现的错误,必然会被检测出来,原因在于,只要其中任何一个错误出现,观测精度阶和理论值就无法达到一致。在执行精度阶验证流程时,有一个最严重但又无法检测出来的错误,即使用了错误的覆盖测试套件,导致忽略了代码的某些功能选项。

诚然,严格实施这项流程是相当枯燥乏味的,需要经验丰富的测试人员。严格遵循此流程的好处是,可以在应用中使用通过验证的代码,并能充分确信最严重的编码错误已被消除。利用精度阶验证流程,可以系统性地测试几乎所有的代码功能,并到达一个明确的完成点。

为了阐述代码精度阶验证流程,本书列举了各种实例。这些实例会让读者相信,代码验证可以应用于高度复杂的、拥有精密数值算法和物理模型的代码。但是尚未将其应用于每一个代码或每一种可能的情形,因此,还须承认,可能还存在尚未遇到的其他测试执行问题。尽管如此,迄今为止,成功应用精度阶验证流程的代码数不胜数,所以这一基本流程是完善可靠的。同时,如果辅以适当的技术与智慧,几乎任一偏微分方程代码都能采用这种方法进行验证。

参 考 文 献

[1] Boehm, B. , *Software Engineering Economics*, Prentice Hall, New York, 1981.
[2] Blottner, F. , Accurate Navier–Stokes Results for Hypersonic Flow over a Spherical Nosetip, AIAA *Journal of Spacecraft and Rockets*, 27, 2, 113–122.
[3] Oberkampf, Guide for the Verification and Validation of Computational Fluid Dynamics Simulations, AIAA G–077–1998.
[4] Steinberg, S. and Roache, P. J. , Symbolic Manipulation and Computational Fluid Dynamics, *Journal of Computational Physics*, 57, 2, 251–284.
[5] Lingus, C. , Analytic Test Cases for Neutron and Radiation Transport Codes, Proc. 2nd Conf. Transport Theory, CONF–710107, p. 655, Los Alamos Scientific Laboratory, 1971.
[6] Oberkampf, W. L. and Blottner, F. G. , Issues in Computational Fluid Dynamics: Code Verification and Validation, AIAA Journal, 36, 5, 687–695.
[7] Shih, T. M. , A Procedure to Debug Computer Programs, *International Journal of Numerical Methods of Engineering*, 21, 1027–1037.
[8] Martin W. R. and Duderstadt, J. J. , Finite Element Solutions of the Neutron Transport Equation with Applications to Strong Heterogeneities, *Nuclear Science and Engineering*, 62, 371–390, 1977.
[9] Batra, R. and Liang, X. , Finite dynamic deformations of smart structures, *Computational Mechanics*, 20, 427–438, 1997.
[10] Roache, P. J. , Knupp, P. , Steinberg, S. , and Blaine, R. L. , Experience with Benchmark Test Cases for Groundwater Flow, ASME FED, 93, Benchmark Test Cases for Computational Fluid Dynamics, I. Celik and C. J. Freitas, Eds. , pp. 49–56.
[11] Roache, P. J. , Verification of Codes and Calculations, *AIAA Journal*, 36, 696–702, 1998.
[12] Roache, P. J. , *Verification and Validation in Computational Science and Engineering*, Hermosa Publishers, Albuquerque, NM, 1998.
[13] Salari, K. and P. Knupp, Code Verification by the Method of Manufactured Solutions, Sandia National Laboratories, SAND2000–1444, 2000.
[14] Lewis, R. O. , *Independent Verification and Validation: A Life Cycle Engineering Process for Quality Software*, John Wiley & Sons, New York, 1992.
[15] Salari, K. , Verification of the SECOTP–TRANSPORT Code, Sandia Report, SAND92–070014–UC–721, Preliminary Performance Assessment for the Waste Isolation Pilot Plant, 1992.
[16] Pautz, S. , Verification of Transport Codes by the Method of Manufactured Solutions: The ATTILA Experience, Proceedings ANS International Meeting on Mathematical Methods for Nuclear Applications, September 2001, Salt Lake City.

[17] Roache, P. J. , Code Verification by the Method of Manufactured Solutions, *Journal of Fluids Engineering, Transactions of the ASME*, 124, 4 – 10, 2002.

[18] Galdi, G. P. , *An Introduction to the Mathematical Theory of the Navier – Stokes Equations: Linearized Steady Problems*, Springer – Verlag, Heidelberg, 1994.

[19] Haberman, R. , *Elementary Applied Partial Differential Equations With Fourier Series and Boundary Value Problems*, Prentice Hall, New York, 3rd ed. , 1997.

[20] John, F. , *Partial Differential Equations*, Springer – Verlag, Heidelberg, 1982.

[21] Ross, S. L. , *Introduction to Ordinary Differential Equations*, John Wiley & Sons, 4th ed. , 1989.

[22] Saperstone, S. H. , *Introduction to Ordinary Differential Equations*, Brooks/Cole Publishing, 1998.

[23] Ames, W. F. , *Numerical Methods for Partial Differential Equations*, Academic Press, New York, 3rd ed. , 1992.

[24] Bathe, K. – J. , *Finite Element Procedures*, Prentice Hall, New York, 1996.

[25] Chapra, S. C. and Canale, R. P. , *Numerical Methods for Engineers: With Software and Programming Applications*, McGraw – Hill, New York, 4th ed. , 2001.

[26] Garcia, A. L. , *Numerical Methods for Physics*, Prentice Hall, New York, 2nd ed. , 1999.

[27] Hoffman, J. D. , *Numerical Methods for Engineers and Scientists*, Marcel Dekker, New York, 2nd ed. , 2001.

[28] Morton, K. W. and Mayers, D. F. , *Numerical Solution of Partial Differential Equations: An Introduction*, Cambridge University Press, Oxford, UK, 1993.

[29] Quarteroni, A. and Valli, A. , Numerical Approximation of Partial Differential Equations, Springer Series in Computational Mathematics, Vol 23, Springer – Verlag, Heidelberg, 1994.

[30] Reddy, J. N. , *An Introduction to the Finite Element Method*, McGraw – Hill, New York, Boston, 1993.

[31] Roache, P. J. , *Fundamentals of Computational Fluid Dynamics*, Hermosa Pub. , Albuquerque NM, 1998.

[32] Strikwerda, J. C. , *Finite Difference Schemes and Partial Differential Equations*, Wadsworth & Brooks/Cole, Pacific Grove, CA, 1989.

[33] Tannehill, J. C. , Anderson, D. A. , and Pletcher, R. H. , *Computational Fluid Mechanics And Heat Transfer*, Taylor & Francis, London, 2nd ed. , 1997.

[34] Thomas, J. W. , Numerical Partial Differential Equations: Finite Difference Methods, Texts in Applied Mathematics, 22, Springer – Verlag, Heidelberg, 1995.

[35] Oberkampf, W. L. , Blottner, F. G. , and Aeschliman, D. P. , Methodology for Computational Fluid Dynamics: Code Verification/Validation, AIAA 95 – 2226, 26th AIAA Fluid Dynamics Conference, June 19 – 22, 1995, San Diego.

[36] Oberkampf, W. L. and Trucano, T. G. , Verification and validation in computational fluid dynamics, SAND2002 – 0529, Sandia National Laboratories, 2002.

[37] Jarvis, A. and Crandall, V. , *Inroads to Software Quality: "How To" Guide and Toolkit*, Prentice Hall, New York, 1997.

[38] Kan, S. H. , *Metrics and Models in Software Quality Engineering*, Addison – Wesley Longman, Inc. , Reading, MA, 1997.

[39] Karolak, D. W. , *Software Engineering Risk Management*, IEEE Computer Society Press, Los Alamitos, CA, 1996.

[40] Knepell, P. L. and Arangno, D. C. , *Simulation Validation: A Confidence Assessment Methodology*, IEEE

Computer Society Press, Los Alamitos CA, 1993.

[41] Schulmeyer, G. G. et. al. , *The Handbook of Software Quality Assurance*, Prentice Hall, New York, 1998.

[42] Knupp, P. and Steinberg, S. , *The Fundamentals of Grid Generation*, CRC Press, Boca Raton, FL, 1993.

[43] McDonald, M. G. and Harbaugh, W. , A Modular Three − Dimensional Finite − Difference Ground − Water Flow Model, Techniques of Water − Resources Investigations of the U. S. Geological Survey, Book 6, Modeling Techniques, Chapter A1, Washington, D. C.

[44] Emanuel, G. , *Analytic Fluid Dynamics*, CRC Press, Boca Raton, FL, 1994.

[45] Jameson, A. and Martinelli, L. , Mesh Refinement and Modeling Errors in Flow Simulation, *AIAA Journal*, 36, 5.

[46] Ozisik, M. , *Heat Conduction*, John Wiley & Sons, New York, 1980.

[47] Sudicky, E. A. and Frind, E. O. , Contaminant Transport in Fractured Porous Media: Analytical Solutions for a System of Parallel Fractures, *Water Resources Research*, 18, 6, 1634 − 1642.

[48] van Gulick, P. , Evaluation of Analytical Solution for a System of Parallel Fractures for Contaminant Transport in Fractured Porous Media, Technical Memo, GeoCenterers Inc. , Albuquerque, NM, 1994.

[49] Roy, C. J. , Smith, T. M. , and Ober, C. C. , Verification of a Compressible CFD Code using the Method of Manufactured Solutions, AIAA Paper 2002 − 3110, June 2002.

附录 A　其他偏微分方程代码测试方法

本附录介绍了四类动态测试,同样适用于偏微分方程代码开发阶段,但不足以验证代码精度阶。

(1) 趋势测试:系统地改变一个或多个物理输入参数开展一系列代码计算,观测数值解的变化趋势,并与期望值或物理常识进行比较。例如,对于热传导代码,通过改变比热值得到一系列热稳态解,如果达到热平衡状态所需的时间随着比热的降低而减少,则表明数值解的变化符合预期。定性测试类似于趋势测试。例如,稳态热传导问题的解的变化是光滑的,如果数值解的变化不光滑,则说明可能存在编码错误。在这两个例子中,均不需要知道求解方程的精确解,但偏微分方程代码可能会产生变化趋势正确的非物理解。以热传导代码为例,若时间导数项离散错误,其数值解与真实解存在差别,但其随比热变化的趋势却是正确的。显然,此类测试不适合验证代码的精度阶。

(2) 对称性测试:通过检查解的对称性,判断编码是否存在错误,此方法无须知道精确解。根据方程解的特点,这里总结了三种类型的对称性测试。第一种具有空间对称解(可能归因于边界条件的选择)。例如,充分发展的二维槽道问题,解是平面对称的,以此检查代码是否生成对称结果。第二种具有坐标不变性。在此情况下,解不需要具有对称性,平移和旋转(如旋转90°)物理域或者坐标系得到的结果,应与原坐标系下的解保持一致。第三种利用已知的二维问题解,采用三维代码求解,并比较计算结果。这些对称性测试采用简单明了的方法检测可能存在的编码错误,但与趋势测试一样,这些方法并不能验证代码的精度阶。

(3) 比较测试:另一种广泛使用的代码测试方法是比较法,通过运行求解物理真实问题,比较被测试代码与其他成熟的求解类似问题的代码或代码集的计算结果。通常情况下的验收标准是基于"视图"的规范,即可视化的流场结果的比较。稍微严格一点的标准是,计算各代码数值解的平均值和最大差值。在实际情况中,如果解之间的差值小于20%,则认为代码可用。比较测试的主要优势在于无需精确解,并且通常在一套网格上进行计算。但上述流程并不完整,还需进行网格收敛研究以确定代码计算结果是否在渐近范围内。考虑到计算机资源的限制,虽然解验证(即离散误差估计)在比较测试中是必要的步骤,但很少在实际应用中进行。

比较法的主要难点在于,不同代码很少能够精确地求解同一个控制方程组。如此一来,比较对象往往会"风马牛不相及",致使解释结果时自由度太大,只能基于模棱两可的结果判断代码正确与否。在实践中,比较法存在以下两个常见问题:一是有可能找不到具有可比性的代码;二是比较测试通常是在一个物理问题上进行的,比较结果缺乏通用性。因此,针对不同的问题就需要运行额外的比较测试。比较测试的结论是否可靠,在很大程度上取决于对成熟代码的信心。即使比较测试成功,也不排除两个代码包含相同错误的可能性。比较测试同样无法验证代码的精度阶。

(4)基准测试:基准测试有多种含义,包括代码解与实验结果的比较、与另一个数值解的比较或者与另一个代码的比较。在本节中,基准测试是指利用精确解采用之前的求解微分方程的方法对偏微分方程代码的测试。选择具有物理意义的微分算子系数和边界条件,通过数学方法推导出精确解。精确解作为基准解在流体力学与弹性力学领域并不少见,相关的文献资料也比较丰富。使用合适的输入运行被测试代码生成数值解,采用曲线叠加的形式比较精确解和数值解,以表明两个解基本一致。在基准测试中,很少利用网格加密来显示数值解收敛至精确解的速率。因此,从验证精度阶的角度来看,基准测试并不令人满意。但这并不是基准测试的根本制约因素,因为可以将网格加密应用到基准测试中。最根本的制约因素是单个基准测试很难覆盖到所有的代码功能,因而需要提供一套基准测试来实现全面覆盖。但在许多情况下,获得一整套测试需要的精确解是很困难的。验证代码精度阶的基准测试与本节所述流程的主要区别是:与人造解相比,具有物理意义的精确解的覆盖范围更小。

附录 B 正推法的实现问题

采用正推法寻找代码测试中偏微分方程精确解的主要限制：一是无法测试代码的全部通用性，只能测试某个子集；二是采用正推法在代码中也可能难以精确实现 Laplace 变换法及其他解析方法推导出的精确解。在精度阶验证流程中，需要编写辅助软件来估计时间和空间离散点上的精确解，继而将其与计算机代码产生的数值解进行比较。根据经典数学方法获得的精确解通常会涉及无穷项和、包含奇点的非平凡积分以及特殊函数（如 Bessel 数），这导致编写精确解辅助软件的难度可能较高。此外，即使已实现，仍须证明辅助软件再现了精确解，并且其精度与调用函数（如数学库的正弦函数）获得的精度大致相同。

为了估计包含无穷级数的精确解，需要解决收敛问题以及何时终止级数的问题。如果涉及积分，则须考虑调用的数值积分方法以及相应的精度。精确表达式中的被积函数有时会包含奇点，从而导致数值计算困难，通常需要咨询专家。一般情况下，解析解的辅助代码开发者应提供精度阶评估结果。例如，计算出的精确解有多少位有效数字？如果计算精确解时不够准确，随着网格的加密，将无法根据数值解准确估计观测精度阶。

由正推法获得"精确"解时可能会遇到各种各样的困难。例如，Van Gulick 测试 Sudicky 和 Frind 提出的平行空隙中污染物输运的解析解[48]的精度时，发现获得 5 位有效数字的精度相当困难[49]。他还指出，对于某些假定材料物性的组合，不能获得收敛解。鉴于正推法的困难性，并且存在其他替代方法，所以很显然，不值得花费大量时间去开发极其复杂的辅助软件。

下面以实心球中均匀热传导问题来说明正问题的精确解[24]。表达式如下：

$$T(r,\mu,\phi,t) = \frac{1}{\pi}\sum_{n=0}^{\infty}\sum_{p=1}^{\infty}\sum_{m=0}^{n}\frac{e^{-\alpha\lambda_{np}^2 t}}{N(m,n)N(\lambda_{np})}J_{n+1/2}(\lambda_{np}r)P_n^m(\mu)$$

$$\int_{r'=0}^{b}\int_{\mu=\mu_0'}^{1}\int_{\phi'}^{2\pi}r'^{3/2}J_{n+1/2}(\lambda_{np}r')P_n^{-m}(\mu')\cos(\phi-\phi')F(r',\mu',\phi')\mathrm{d}\phi'\mathrm{d}\mu'\mathrm{d}r'$$

其中

$$N(m,n) = \left(\frac{2}{2n+1}\right)\frac{(n+m)!}{(n-m)!}$$

$$N(\lambda_{np}) = \frac{b^2}{2}\{J_{n+1/2}(\lambda_{np}r)\}^2$$

为了估计上述解,需要查表或根据算法来计算 Bessel 函数 J_n、Legendre 多项式 P_n、两者的导数,以及将 Bessel 函数设置为零后获得的正根。此外,还要利用无穷级数、三重求和、三重积分进行数值计算。显而易见,按照所需精度做到这一点并不容易。并且,由于相关系数的简化假设,此解也不能充分检验热传导方程系数变化对解造成的影响。此外,计算域仅限于球体。

附录 C 盲测结果

C.1 错误的数组索引

将 NS2D 中的正确行

    dvdy(i,j) = (v(i,**j+1**) - v(i,j-1)) * R2Dy

更改为

    dvdy(i,j) = (v(i,**j**) - v(i,j-1)) * R2Dy

上述语句受影响的部分已用粗体显示。由于导数的近似值不具有二阶精度,预计网格收敛测试能够检测出此错误。表 C.1 利用 l_2 范数和最大误差列出了所有变量的相对误差。因此,此错误可以归类为精度阶编码错误,也属于收敛编码错误。这表明,网格收敛测试可以检测出索引中细微的印刷错误。

表 C.1 错误的数组索引

网格	l_2范数误差	误差比	观测精度阶	最大误差	最大误差比率	观测精度阶
密度						
11×9	9.23308×10^{-4}			1.68128×10^{-3}		
21×17	8.84707×10^{-4}	1.04	0.06	1.73540×10^{-3}	0.97	-0.05
41×33	9.44778×10^{-4}	0.94	-0.09	1.94904×10^{-3}	0.89	-0.17
速度的 u 分量						
11×9	6.00723×10^{-4}			9.98966×10^{-4}		
21×17	3.06844×10^{-4}	1.96	0.97	5.75052×10^{-4}	1.74	0.80
41×33	2.38584×10^{-4}	1.29	0.36	4.96834×10^{-4}	1.16	0.21
速度的 v 分量						
11×9	9.13941×10^{-3}			1.50775×10^{-2}		
21×17	9.76774×10^{-3}	0.94	-0.10	1.72128×10^{-2}	0.88	-0.19
41×33	1.01795×10^{-2}	0.96	-0.06	1.80794×10^{-2}	0.95	-0.07

续表

网格	l_2范数误差	误差比	观测精度阶	最大误差	最大误差比率	观测精度阶
总能量						
11×9	2.59926×10^{-4}			1.04577×10^{-3}		
21×17	1.85468×10^{-4}	1.40	0.49	5.29238×10^{-4}	1.98	0.98
41×33	2.15114×10^{-4}	0.86	-0.21	6.10028×10^{-4}	0.87	-0.20

C.2 数组索引重复

将 NS2D 中的正确行

$$E(i,j) = Rho\_u(i,j) * (Rho\_et(i,\mathbf{j}) + P(i,j))/Rho(i,j)$$

更改为

$$E(i,j) = Rho\_u(i,j) * (Rho\_et(i,\mathbf{i}) + P(i,j))/Rho(i,j)$$

由于通量计算错误,预计网格收敛测试可以检测出该错误。表 C.2 列出了所有变量(从二阶降至零阶)的精度阶。因此,该错误属于收敛编码错误。这表明,收敛测试可以检测出细微的印刷错误,如索引重复。

表 C.2 数组索引重复

网格	l_2范数误差	误差比	观测精度阶	最大误差	最大误差比率	观测精度阶
密度						
11×9	2.26266×10^{-3}			3.93677×10^{-3}		
21×17	1.90677×10^{-3}	1.19	0.25	3.74222×10^{-3}	1.05	0.07
41×33	1.83389×10^{-3}	1.04	0.06	3.75482×10^{-3}	1.00	0.00
速度的 u 分量						
11×9	2.62133×10^{-3}			5.01838×10^{-3}		
21×17	2.27151×10^{-3}	1.15	0.21	4.78571×10^{-3}	1.05	0.07
41×33	2.17877×10^{-3}	1.04	0.06	4.83372×10^{-3}	0.99	-0.01
速度的 v 分量						
11×9	6.62900×10^{-3}			2.02920×10^{-2}		
21×17	6.47947×10^{-3}	1.02	0.03	1.75281×10^{-2}	1.16	0.21
41×33	6.54676×10^{-3}	0.99	-0.01	1.73238×10^{-2}	1.01	0.02

续表

网格	l_2范数误差	误差比	观测精度阶	最大误差	最大误差比率	观测精度阶
总能量						
11×9	6.49276×10^{-2}			1.81950×10^{-1}		
21×17	6.54015×10^{-2}	0.99	−0.01	2.01030×10^{-1}	0.91	−0.14
41×33	6.51065×10^{-2}	1.00	0.01	2.06200×10^{-1}	0.97	−0.04

C.3 错误的常数

将 NS2D 中的正确行

R2Dy = 1.0/(**2.0** ∗ Dy)

更改为

R2Dy = 1.0/(**4.0** ∗ Dy)

由于此错误直接影响到近似值精度阶,预计网格收敛测试能够检测出此错误。表 C.3 列出了所有变量的误差和精度阶。此处所述错误非常严重,致使精度从二阶降至零阶,所以属于收敛编码错误。这表明,收敛测试可以检测出细微的印刷错误,如错误的常数。

表 C.3 错误的常数

网格	l_2范数误差	误差比	观测精度阶	最大误差	最大误差比率	观测精度阶
密度						
11×9	5.31931×10^{-3}			9.79076×10^{-3}		
21×17	4.82802×10^{-3}	1.10	0.14	9.50070×10^{-3}	1.03	0.04
41×33	4.64876×10^{-3}	1.04	0.05	9.46390×10^{-3}	1.00	0.01
速度的 u 分量						
11×9	8.84338×10^{-3}			1.48811×10^{-3}		
21×17	8.18477×10^{-3}	1.08	0.11	1.46418×10^{-3}	1.02	0.02
41×33	7.92302×10^{-3}	1.03	0.05	1.46074×10^{-3}	1.00	0.00
速度的 v 分量						
11×9	3.83176×10^{-2}			6.85403×10^{-2}		
21×17	3.66663×10^{-2}	1.05	0.06	6.90452×10^{-2}	0.99	−0.01
41×33	3.58647×10^{-2}	1.02	0.03	6.97957×10^{-2}	0.99	−0.02

续表

网格	l_2范数误差	误差比	观测精度阶	最大误差	最大误差比率	观测精度阶
总能量							
11×9	$6.09470×10^{-3}$			$1.02714×10^{-2}$		
21×17	$5.70251×10^{-3}$	1.07	0.10	$1.02169×10^{-2}$	1.01	0.01
41×33	$5.54180×10^{-3}$	1.03	0.04	$1.02487×10^{-2}$	1.00	0.00

C.4 错误的"Do 循环"范围

将 NS2D 中的正确行

doi = 2, imax − **1**

更改为

doi = 2, imax − **2**

表 C.4 错误的"Do 循环"范围

网格	l_2范数误差	误差比	观测精度阶	最大误差	最大误差比率	观测精度阶
密度							
11×9	$3.10730×10^{-1}$			$9.00000×10^{-1}$		
21×17	$2.39100×10^{-1}$	1.30	0.38	$9.00000×10^{-1}$	1.00	0.00
41×33	未收敛					
速度的 u 分量							
11×9	$4.25453×10^{-2}$			$1.30070×10^{-1}$		
21×17	$3.07927×10^{-2}$	1.38	0.47	$8.75416×10^{-2}$	1.49	0.57
41×33	未收敛					
速度的 v 分量							
11×9	$3.37892×10^{-2}$			$1.12420×10^{-1}$		
21×17	$2.50287×10^{-2}$	1.35	0.43	$8.26705×10^{-2}$	1.36	0.44
41×33	未收敛					
总能量							
11×9	$3.55018×10^{-2}$			$1.10310×10^{-1}$		
21×17	$2.44229×10^{-2}$	1.45	0.54	$6.72695×10^{-2}$	1.64	0.71
41×33	未收敛					

由于密度数组更新出错,预计网格收敛测试可以检测出该错误。表 C.4

列出了多套网格上离散误差的变化和精度阶。在此情况下,此错误的严重程度可导致解在 41×33 网格上未收敛,而对于其余网格,精度阶小于 1,说明肯定存在错误。采用更改的"Do 循环"更新密度值,部分计算域密度并未更新,并且在整个计算过程中与初始化结果相同。这是一个有趣的案例,因为网格收敛测试的结果取决于解的初始化方式。如果将解初始化为精确结果,那么网格收敛测试就不会检测出错误。因此,应始终确保解的初始化值不是精确结果,此错误可以归类为精度阶编码错误。

C.5 变量未初始化

将 NS2D 中的正确行

  f23 = 2.0/3.0

更改为

  c f23 = 2.0/3.0

表 C.5 变量未初始化

网格	l_2 范数误差	误差比	观测精度阶	最大误差	最大误差比率	观测精度阶
密度						
11×9	2.65560×10^{-2}			5.38971×10^{-2}		
21×17	2.52451×10^{-2}	1.05	0.07	5.58692×10^{-2}	0.96	-0.05
41×33	未收敛					
速度的 u 分量						
11×9	3.01007×10^{-2}			5.83826×10^{-2}		
21×17	2.90318×10^{-2}	1.04	0.05	6.07713×10^{-2}	0.96	-0.06
41×33	未收敛					
速度的 v 分量						
11×9	5.24298×10^{-3}			1.50089×10^{-2}		
21×17	4.26897×10^{-3}	1.23	0.30	1.16589×10^{-2}	1.29	0.36
41×33	未收敛					
总能量						
11×9	3.55018×10^{-2}			1.48726×10^{-2}		
21×17	2.44229×10^{-2}	1.45	0.54	1.77831×10^{-2}	0.84	-0.26
41×33	未收敛					

静态测试应能检测到此类错误。大多数编译器都会发出警告：一个变量在初始化之前被使用。同样,所有的 Fortran 检查器也能检测到此错误。假设错过或忽略了警告,那么在实施网格收敛测试期间会发生什么呢？预计网格收敛测试能够检测出此错误,并且事实也确实如此。此错误足够严重程度较高导致代码在 41×33 网格上未收敛,而对于表 C.5 所列的其余网格,所有变量的精度阶约为零。因此,网格收敛测试可以检测出变量未初始化等错误。这一错误属于静态错误,表明基于人造解方法的精度阶验证流程有时可以检测出精度阶编码错误以外的编码错误。

C.6 参数列表中错误的数组标签

将 NS2D 中的正确行

dudx, **dvdx**, dtdx, **dudy**, dvdy, dtdy

更改为

dudx, **dudy**, dtdx, **dvdx**, dvdy, dtdy

上述行出现于求解能量方程时的调用语句中。此错误导致包含导数 $\partial u/\partial y$ 和 $\partial v/\partial x$ 的数组发生互换。预计网格收敛测试能够检测出此错误,但事实并非如此。如表 C.6 所示,所有变量都具有二阶精度。这个结果令人惊讶,但在研究了此问题之后,发现导数 $\partial u/\partial y$ 和 $\partial v/\partial x$ 只用于构建剪应力张量 τ_{xy} 的一个分量, τ_{xy} 定义如下:

$$\tau_{xy} = \mu\left(\frac{\partial u}{\partial y} + \frac{\partial v}{\partial x}\right)$$

在式中两个导数相加,所以哪个数组包含什么导数并不重要。网格收敛测试之所以没有检测出此错误,是因为解并未受到任何影响。因此,此错误属于形式编码错误。

表 C.6 参数列表中错误的数组标签

网格	l_2 范数误差	误差比	观测精度阶	最大误差	最大误差比率	观测精度阶
密度							
11×9	3.91885×10^{-4}			8.33373×10^{-4}		
21×17	9.94661×10^{-5}	3.94	1.98	1.99027×10^{-4}	4.19	2.07
41×33	2.50657×10^{-5}	3.97	1.99	4.93822×10^{-5}	4.03	2.01

续表

网格	l_2 范数误差	误差比	观测精度阶	最大误差	最大误差比率	观测精度阶
速度的 u 分量						
11×9	3.31435×10^{-4}			5.98882×10^{-4}		
21×17	7.97201×10^{-5}	4.16	2.06	1.50393×10^{-4}	3.98	1.99
41×33	1.98561×10^{-5}	4.01	2.01	3.76816×10^{-5}	3.99	2.00
速度的 v 分量						
11×9	2.28458×10^{-4}			3.83091×10^{-4}		
21×17	4.87140×10^{-5}	4.69	2.23	8.58549×10^{-5}	4.46	2.16
41×33	1.13447×10^{-5}	4.29	2.10	2.09721×10^{-5}	4.09	2.03
总能量						
11×9	1.90889×10^{-4}			3.51916×10^{-4}		
21×17	4.20472×10^{-5}	4.54	2.18	8.86208×10^{-5}	3.97	1.99
41×33	1.00610×10^{-5}	4.18	2.06	2.18304×10^{-5}	4.06	2.02

C.7 内外层循环索引的颠倒

NS2D 中的正确行

j = 2, jmax – 1

i = 2, imax – 1

更改为

i = 2, jmax – 1

j = 2, imax – 1

在数组边界检查器运行的情况下,代码动态测试将检测出此错误。若是动态分配内存,代码就会尝试访问"do 循环"中个别数组未定义的内存地址,而这通常会导致代码终止。如果代码已声明所有数组都足够大足以运行,预计网格收敛测试能够检测出此错误(当 jmax 不等于 imax 时),事实也确实如此。表 C.7 列出了网格收敛测试结果,此错误足够严重,致使测试时代码未在第二个和第三个网格上收敛。根据本书所述分类原则,此错误属于鲁棒性编码错误。

表 C.7　内外层循环索引的切换

网格	l_2范数误差	误差比	观测精度阶	最大误差	最大误差比率	观测精度阶
密度						
11×9	$1.75040×10^{-1}$			$6.80710×10^{-1}$		
21×17	未收敛					
41×33	未收敛					
速度的 u 分量						
11×9	$1.01780×10^{-1}$			$3.01180×10^{-1}$		
21×17	未收敛					
41×33	未收敛					
速度的 v 分量						
11×9	$3.94940×10^{-1}$			$1.77269×10^{-1}$		
21×17	未收敛					
41×33	未收敛					
总能量						
11×9	$3.07015×10^{-1}$			$1.04740×10^{-1}$		
21×17	未收敛					
41×33	未收敛					

C.8　错误的符号

将 NS2D 中的正确行

　　P_new = (gam - 1) * Rho(i,j) * (et - 0.5 * (u * u + v * v))

更改为

　　P_new = (gam + 1) * Rho(i,j) * (et - 0.5 * (u * u + v * v))

　　预计网格收敛测试能够检测出此错误,事实也确实如此。如表 C.8 所示,正如预期,能量变量的收敛速率特别慢,误差的 l_2 范数收敛速率小于一阶,最大误差接近零阶收敛。这表明,网格收敛测试可以检测出细微的印刷错误,如符号错误。此外,这一错误也十分明显,足以在开发阶段就被发现。此错误可以归类为精度阶编码错误。

表 C.8　错误的符号

网格	l_2范数误差	误差比	观测精度阶	最大误差	最大误差比率	观测精度阶
密度						
11×9	5.24657×10^{-4}			1.20947×10^{-3}		
21×17	4.35951×10^{-4}	1.20	0.27	1.04079×10^{-3}	1.16	0.22
41×33	3.78324×10^{-4}	1.15	0.20	8.68705×10^{-4}	1.20	0.26
速度的 u 分量						
11×9	4.49409×10^{-4}			1.00287×10^{-3}		
21×17	4.60418×10^{-4}	0.98	-0.03	9.57168×10^{-4}	1.05	0.07
41×33	3.60157×10^{-4}	1.28	0.35	8.30955×10^{-4}	1.15	0.20
速度的 v 分量						
11×9	2.27151×10^{-3}			4.69045×10^{-3}		
21×17	1.72803×10^{-3}	1.31	0.39	3.98002×10^{-3}	1.18	0.24
41×33	1.56727×10^{-3}	1.10	0.14	3.71797×10^{-3}	1.07	0.10
总能量						
11×9	4.75690×10^{-1}			6.63490×10^{-1}		
21×17	4.74390×10^{-1}	1.00	0.00	6.79370×10^{-1}	0.98	-0.03
41×33	4.73770×10^{-1}	1.00	0.00	6.86590×10^{-1}	0.99	-0.02

表 C.9　算子转置

网格	l_2范数误差	误差比	观测精度阶	最大误差	最大误差比率	观测精度阶
密度						
11×9	2.01690×10^{-1}			3.20620×10^{-1}		
21×17	1.95680×10^{-1}	1.03	0.04	3.24560×10^{-1}	0.99	-0.02
41×33	1.91960×10^{-1}	1.02	0.03	3.25250×10^{-1}	1.00	0.00
速度的 u 分量						
11×9	1.84100×10^{-1}			2.71070×10^{-1}		
21×17	1.77910×10^{-1}	1.03	0.05	2.76040×10^{-1}	0.98	-0.03
41×33	1.74350×10^{-1}	1.02	0.03	2.77870×10^{-1}	0.99	-0.01
速度的 v 分量						
11×9	4.92486×10^{-2}			9.41443×10^{-2}		
21×17	4.74185×10^{-2}	1.04	0.05	9.28039×10^{-2}	1.01	0.02
41×33	4.67834×10^{-2}	1.01	0.02	9.30090×10^{-2}	1.00	0.00

续表

网格	l_2范数误差	误差比	观测精度阶	最大误差	最大误差比率	观测精度阶
总能量						
11×9	5.08252×10^{-2}			1.18530×10^{-1}		
21×17	4.80429×10^{-2}	1.06	0.08	1.04160×10^{-1}	1.14	0.19
41×33	4.80885×10^{-2}	1.00	0.00	1.03480×10^{-1}	1.01	0.01

C.9 算子转置

将 NS2D 中的正确行

$F(i,j) = Rho\_u(i,j) * Rho\_v(i,j)/Rho(i,j)$

更改为

$F(i,j) = Rho\_u(i,j)/Rho\_v(i,j) * Rho(i,j)$

预计网格收敛测试能够检测出此错误,事实也确实如此。如表 C.9 所示,所有变量的精度阶均降至零。因此,此错误属于收敛编码错误。此类错误最有可能在代码开发阶段被检测出来。

C.10 错误的括号位置

将 NS2D 中的正确行

$dtdy(i,j) = (-3.0 * T(i,j) + 4.0 * T(i,j+1) - T(i,j+2)) * R2Dy$

更改为

$dtdy(i,j) = (-3.0 * T(i,j) + 4.0 * T(i,j+1)) - T(i,j+2) * R2Dy$

预计网格收敛测试能够检测出此错误,但事实并非如此。如表 C.10 所示,所有变量都具有二阶精度。这一结果令人惊讶,但经过仔细检查后,发现上述语句用于计算位于某个网格角点处的温度梯度,在代码中模板并未到达角点。因此,此错误并没有改变结果,属于形式编码错误。如果语句求值点在计算域内,就会检测出此错误。因此,不能单独判断一行代码中错误的严重程度,必须基于代码的整体予以考虑。

表 C.10　错误的括号位置

网格	l_2范数误差	误差比	观测精度阶	最大误差	最大误差比率	观测精度阶
密度						
11×9	3.91885×10^{-4}			8.33373×10^{-4}		
21×17	9.94661×10^{-5}	3.94	1.98	1.99027×10^{-4}	4.19	2.07
41×33	2.50657×10^{-5}	3.97	1.99	4.93822×10^{-5}	4.03	2.01
速度的 u 分量						
11×9	3.31435×10^{-4}			5.98882×10^{-4}		
21×17	7.97201×10^{-5}	4.16	2.06	1.50393×10^{-4}	3.98	1.99
41×33	1.98561×10^{-5}	4.01	2.01	3.76816×10^{-5}	3.99	2.00
速度的 v 分量						
11×9	2.28458×10^{-4}			3.83091×10^{-4}		
21×17	4.87140×10^{-5}	4.69	2.23	8.58549×10^{-5}	4.46	2.16
41×33	1.13447×10^{-5}	4.29	2.10	2.09721×10^{-5}	4.09	2.03
总能量						
11×9	1.98889×10^{-4}			3.51916×10^{-4}		
21×17	4.20472×10^{-5}	4.54	2.18	8.86208×10^{-5}	3.97	1.99
41×33	1.00610×10^{-5}	4.18	2.06	2.18304×10^{-5}	4.06	2.02

C.11　差分格式的概念性或相容性错误

将 NS2D 中的正确行

$$-d0 * (\text{Rho\_u}(i+1,j) - \text{Rho\_u}(i-1,j))$$

更改为

$$-d0 * (\text{Rho\_u}(i+1,j) - \text{Rho\_u}(i-1,j) + \mathbf{Rho\_u(i,j)})$$

预计网格收敛测试能够检测出此错误,事实也确实如此。如表 C.11 所示,所有变量的精度阶均降至零。此错误可以归类为概念性错误或收敛编码错误。

表 C.11 差分格式的概念性或相容性错误

网格	l_2 范数误差	误差比	观测精度阶	最大误差	最大误差比率	观测精度阶
密度						
11×9	5.59550×10^{-1}			7.53550×10^{-1}		
21×17	6.76410×10^{-1}	0.83	−0.27	8.92800×10^{-1}	0.84	−0.24
41×33	7.68920×10^{-1}	0.88	−0.18	9.59010×10^{-1}	0.93	−0.10
速度的 u 分量						
11×9	3.42692×10^{-2}			5.94497×10^{-2}		
21×17	3.55477×10^{-2}	0.96	−0.05	6.66460×10^{-2}	0.89	−0.16
41×33	3.49851×10^{-2}	1.02	0.02	6.55673×10^{-2}	1.02	0.02
速度的 v 分量						
11×9	3.62034×10^{-2}			6.39796×10^{-2}		
21×17	3.84234×10^{-2}	0.94	−0.09	6.60947×10^{-2}	0.97	−0.05
41×33	3.91125×10^{-2}	0.98	−0.03	6.43425×10^{-2}	1.03	0.04
总能量						
11×9	2.53229×10^{-2}			4.67058×10^{-2}		
21×17	2.53935×10^{-2}	1.00	0.00	5.18047×10^{-2}	0.90	−0.15
41×33	2.36851×10^{-2}	1.07	0.10	5.01506×10^{-2}	1.03	0.05

C.12 逻辑 IF 错误

将 NS2D 中的正确行

  if(sum_Rho_et. **le**. tol. and. sum_Rho_u. le. tol. and.

 sum_Rho_y. le. tol. and. sum_Rho. le. tol) converged = . true.

更改为

  if(sum_Rho_et. **ge**. tol. and. sum_Rho_u. le. tol. and.

 sum_Rho_y. le. tol. and. sum_Rho. le. tol) converged = . true.

  能量方程的收敛测试受到此变化的影响。在此过程中,测试了所有变量计算值的收敛性。这表明,如果收敛公差非常小(如接近机器零点),那么网格收敛测试将不会检测出此错误,事实也确实如此。原因很简单:虽然总能量收敛性检查出错,但仍对其他变量的收敛性进行了检查。由于此方程组是一个耦合方程组,所以当其他变量收敛至小公差时,能量方程很可能已经收敛到同公差的数量级。如表 C.12 所示,精度阶未受到此错误的影响。此错误属于形式编码错误,无法设想动态测试能检测出这个错误(至少对于此问题是如此)。

表 C.12　逻辑 IF 错误

网格	l_2 范数误差	误差比	观测精度阶	最大误差	最大误差比率	观测精度阶
密度						
11×9	3.91885×10^{-4}			8.33374×10^{-4}		
21×17	9.94661×10^{-5}	3.94	1.98	1.99027×10^{-4}	4.19	2.07
41×33	2.50656×10^{-5}	3.97	1.99	4.93819×10^{-5}	4.03	2.01
速度的 u 分量						
11×9	3.31435×10^{-4}			5.98882×10^{-4}		
21×17	7.97201×10^{-5}	4.16	2.06	1.50393×10^{-4}	3.98	1.99
41×33	1.98561×10^{-5}	4.01	2.01	3.76816×10^{-5}	3.99	2.00
速度的 v 分量						
11×9	2.28458×10^{-4}			3.83091×10^{-4}		
21×17	4.87140×10^{-5}	4.69	2.23	8.58549×10^{-5}	4.46	2.16
41×33	1.13447×10^{-5}	4.29	2.10	2.09720×10^{-5}	4.09	2.03
总能量						
11×9	1.90889×10^{-4}			3.51916×10^{-4}		
21×17	4.20472×10^{-5}	4.54	2.18	8.86208×10^{-5}	3.97	1.99
41×33	1.00610×10^{-5}	4.18	2.06	2.18304×10^{-5}	4.06	2.02

C.13　无　错　误

案例 C.13(对照组)没有任何错误,完全与原始代码相同,将其纳入测试套件(正如前文所述,此套件是盲测套件),用于对照。如表 C.13 所示,所有变量的收敛行为具有二阶精度。

表 C.13　无错误

网格	l_2 范数误差	误差比	观测精度阶	最大误差	最大误差比率	观测精度阶
密度						
11×9	3.91885×10^{-4}			8.33373×10^{-4}		
21×17	9.94661×10^{-5}	3.94	1.98	1.99027×10^{-4}	4.19	2.07
41×33	2.50657×10^{-5}	3.97	1.99	4.93822×10^{-5}	4.03	2.01

续表

网格	l_2范数误差	误差比	观测精度阶	最大误差	最大误差比率	观测精度阶
速度的 u 分量						
11×9	3.31435×10^{-4}			5.98882×10^{-4}		
21×17	7.97201×10^{-5}	4.16	2.06	1.50393×10^{-4}	3.98	1.99
41×33	1.98561×10^{-5}	4.01	2.01	3.76816×10^{-5}	3.99	2.00
速度的 v 分量						
11×9	2.28458×10^{-4}			3.83091×10^{-4}		
21×17	4.87140×10^{-5}	4.69	2.23	8.58549×10^{-5}	4.46	2.16
41×33	1.13447×10^{-5}	4.29	2.10	2.09720×10^{-5}	4.09	2.03
总能量						
11×9	1.90889×10^{-4}			3.51916×10^{-4}		
21×17	4.20472×10^{-5}	4.54	2.18	8.86208×10^{-5}	3.97	1.99
41×33	1.00610×10^{-5}	4.18	2.06	2.18304×10^{-5}	4.06	2.02

C.14 错误的松弛因子

将 NS2D 中的正确行

Rho(i,j) = Rho(i,j) + **0.8** * (Rho_new − Rho(i,j))

更改为

Rho(i,j) = Rho(i,j) + **0.6** * (Rho_new − Rho(i,j))

预计网格收敛测试不能检测出此错误,事实也确实如此。如表 C.14 所示,所有变量的收敛性具有二阶精度。

表 C.14 错误的松弛因子

网格	l_2范数误差	误差比	观测精度阶	最大误差	最大误差比率	观测精度阶
密度						
11×9	3.91885×10^{-4}			8.33373×10^{-4}		
21×17	9.94656×10^{-5}	3.94	1.98	1.99026×10^{-4}	4.19	2.07
41×33	2.50638×10^{-5}	3.97	1.99	4.93784×10^{-5}	4.03	2.01
速度的 u 分量						
11×9	3.31435×10^{-4}			5.98882×10^{-4}		
21×17	7.97200×10^{-5}	4.16	2.06	1.50393×10^{-4}	3.98	1.99
41×33	1.98558×10^{-5}	4.01	2.01	3.76810×10^{-5}	3.99	2.00

续表

网格	l_2范数误差	误差比	观测精度阶	最大误差	最大误差比率	观测精度阶
速度的v分量						
11×9	2.28458×10^{-4}			3.83091×10^{-4}		
21×17	4.87140×10^{-5}	4.69	2.23	8.58550×10^{-5}	4.46	2.16
41×33	1.13448×10^{-5}	4.29	2.10	2.09722×10^{-5}	4.09	2.03
总能量						
11×9	1.90889×10^{-4}			3.51916×10^{-4}		
21×17	4.20473×10^{-5}	4.54	2.18	8.86209×10^{-5}	3.97	1.99
41×33	1.00630×10^{-5}	4.18	2.06	2.18309×10^{-5}	4.06	2.02

这表明,网格收敛测试不会检测出迭代求解器中只影响收敛速率、但不影响结果观测精度阶的错误。因此,此错误属于效率编码错误。

C.15 错误的差分

将 NS2D 中的正确行

dtdy(i,j) = (-3.0 * T(i,j) + 4.0 * T(i,j+1) - T(i,j+2)) * **R2Dy**

更改为

dtdy(i,j) = (-3.0 * T(i,j) + 4.0 * T(i,j+1) - T(i,j+2)) * **R2Dx**

预计网格收敛测试能够检测出此错误,事实也确实如此。如表 C.15 所示,能量和速度变量 v 分量的精度均为一阶,这清楚表明了验证流程的敏感性。因此,此错误属于精度阶编码错误。

C.16 缺 项

将 NS2D 中的正确行

E(i,j) = Rho_u(i,j) * (Rho_et(i,j) + **P(i,j)**)/Rho_u(i,j)

更改为

E(i,j) = Rho_u(i,j) * (Rho_et(i,j))/Rho_u(i,j)

预计网格收敛测试能够检测出此错误,事实也确实如此。如表 C.16 所示,所有变量的精度阶均降至零。这表明,网格收敛测试可以检测出缺项。因此,此错误属于收敛编码错误。

C.17 网格点变形

向 NS2D 中再添加了一行,以扭曲网格:

$x(1,1) = x(1,1) - 0.25 * Dx$

由于代码需要笛卡儿网格,预计网格收敛测试可以检测出该错误。因为代码包含其自身的网格生成器,所以此错误不属于输入错误。表 C.17 列出了所有变量的误差和收敛行为。基于 L_2 范数的精度阶表现出了二阶收敛性,这就意味着,代码中没有精度阶编码错误。但是,基于速度 v 分量最大误差的观测精度阶已降至一阶。这表明,最大误差的敏感性比误差 L_2 范数的敏感性更高。因此,此错误属于精度阶编码错误。

表 C.15 错误的差分

网格	l_2 范数误差	误差比	观测精度阶	最大误差	最大误差比率	观测精度阶
密度						
11×9	4.65492×10^{-4}			1.00034×10^{-3}		
21×17	1.33118×10^{-4}	3.50	1.81	2.78774×10^{-4}	3.59	1.84
41×33	4.13695×10^{-5}	3.22	1.69	9.01491×10^{-5}	3.09	1.63
速度的 u 分量						
11×9	3.43574×10^{-4}			6.08897×10^{-4}		
21×17	8.53543×10^{-5}	4.03	2.01	1.62447×10^{-4}	3.75	1.91
41×33	2.28791×10^{-5}	3.73	1.90	4.77928×10^{-5}	3.40	1.77
速度的 v 分量						
11×9	6.33114×10^{-4}			1.36905×10^{-3}		
21×17	3.25274×10^{-4}	1.95	0.96	7.73432×10^{-4}	1.77	0.82
41×33	1.61930×10^{-4}	2.01	1.01	3.99318×10^{-4}	1.94	0.95
总能量						
11×9	2.57412×10^{-3}			6.63811×10^{-3}		
21×17	1.19438×10^{-3}	2.16	1.11	3.58674×10^{-3}	1.85	0.89
41×33	5.70262×10^{-4}	2.09	1.07	1.86694×10^{-3}	1.92	0.94

表 C.16 缺项

网格	l_2范数误差	误差比	观测精度阶	最大误差	最大误差比率	观测精度阶
密度						
11×9	2.94477×10^{-4}			7.68192×10^{-4}		
21×17	1.07306×10^{-4}	2.74	1.46	2.93401×10^{-4}	2.62	1.39
41×33	1.25625×10^{-4}	0.85	-0.23	2.68408×10^{-4}	1.09	0.13
速度的 u 分量						
11×9	2.01106×10^{-4}			3.32522×10^{-4}		
21×17	6.36136×10^{-5}	3.16	1.66	1.56022×10^{-4}	2.13	1.09
41×33	1.13422×10^{-4}	0.56	-0.83	2.48116×10^{-4}	0.63	-0.67
速度的 v 分量						
11×9	7.75258×10^{-4}			1.53890×10^{-3}		
21×17	6.17087×10^{-4}	1.26	0.33	1.39906×10^{-3}	1.10	0.14
41×33	5.82296×10^{-4}	1.06	0.08	1.36553×10^{-3}	1.02	0.03
总能量						
11×9	3.98107×10^{-3}			8.56773×10^{-3}		
21×17	3.98790×10^{-3}	1.00	0.00	9.36147×10^{-3}	0.92	-0.13
41×33	3.95471×10^{-3}	1.01	0.01	9.63853×10^{-3}	0.97	-0.04

表 C.17 网格点变形

网格	l_2范数误差	误差比	观测精度阶	最大误差	最大误差比率	观测精度阶
密度						
11×9	3.94756×10^{-4}			8.34218×10^{-4}		
21×17	9.99209×10^{-5}	3.95	1.98	1.99131×10^{-4}	4.19	2.07
41×33	2.51496×10^{-5}	3.97	1.99	5.34937×10^{-5}	3.72	1.90
速度的 u 分量						
11×9						
21×17	7.99316×10^{-5}	4.16	2.06	1.50968×10^{-4}	4.00	2.00
41×33	1.98889×10^{-5}	4.02	2.01	3.77957×10^{-5}	3.99	2.00
速度的 v 分量						
11×9						
21×17	6.07246×10^{-5}	4.62	2.21	5.81576×10^{-4}	2.18	1.12
41×33	1.42494×10^{-5}	4.26	2.09	2.84931×10^{-4}	2.04	1.03

续表

网格	l_2 范数误差	误差比	观测精度阶	最大误差	最大误差比率	观测精度阶
总能量						
11×9	1.91004×10^{-4}			3.51126×10^{-4}		
21×17	4.20463×10^{-5}	4.54	2.18	8.85215×10^{-5}	3.97	1.99
41×33	1.00597×10^{-5}	4.18	2.06	2.18118×10^{-5}	4.06	2.02

C.18 输出计算中错误的算子位置

NS2D 中的正确行

Rho_u(i,j)/Rho(i,j), Rho_v(i,j)/Rho(i,j)

在速度输出中变更为

Rho_u(i,j) * Rho(i,j), Rho_v(i,j)/Rho(i,j)

因为已计算代码内部的离散误差，而不是直接利用代码输出结果，所以预计网格收敛测试不会检测出此错误，事实也确实如此。表 C.18 列出了所有变量的正确收敛行为。建议利用代码输出所有计算的离散误差，而不是在内部进行计算，这样便能检测出输出例程中的错误。如果利用输出来计算离散误差，那么此错误属于精度阶编码错误。如果没有使用输出，那么此错误属于形式编码错误。

表 C.18 输出计算中错误的算子位置

网格	l_2 范数误差	误差比	观测精度阶	最大误差	最大误差比率	观测精度阶
密度						
11×9	3.91885×10^{-4}			8.33373×10^{-4}		
21×17	9.94661×10^{-5}	3.94	1.98	1.99027×10^{-4}	4.19	2.07
41×33	2.50657×10^{-5}	3.97	1.99	4.93822×10^{-5}	4.03	2.01
速度的 u 分量						
11×9	3.31435×10^{-4}			5.98882×10^{-4}		
21×17	7.97201×10^{-5}	4.16	2.06	1.50393×10^{-4}	3.98	1.99
41×33	1.98561×10^{-5}	4.01	2.01	3.76816×10^{-5}	3.99	2.00
速度的 v 分量						
11×9	2.28458×10^{-4}			3.83091×10^{-4}		
21×17	4.87140×10^{-5}	4.69	2.23	8.58549×10^{-5}	4.46	2.16
41×33	1.13447×10^{-5}	4.29	2.10	2.09721×10^{-5}	4.09	2.03

续表

网格	l_2范数误差	误差比	观测精度阶	最大误差	最大误差比率	观测精度阶
总能量							
11×9	1.90889×10^{-4}			3.51916×10^{-4}		
21×17	4.20472×10^{-5}	4.54	2.18	8.86208×10^{-5}	3.97	1.99
41×33	1.00610×10^{-5}	4.18	2.06	2.18304×10^{-5}	4.06	2.02

C.19 网格单元数量的变化

将下列两行

　　imax = imax + 1

　　jmax = jmax + 1

添加至 NS2D 中定义问题规模的语句之后。预计网格收敛测试不能检测出此错误,事实也确实如此。此错误让每个方向上的网格尺寸发生了变化,修改量为1,影响了网格加密比率。这种影响在粗网格上更为明显,而且随着网格的加密,影响会越来越小,表 C.19 列出了所有变量的精度阶。考虑到收敛阶的量级,增加了一个加密等级。在新增的加密等级上,基于网格收敛结果得到了代码中没有错误的结论。只有在使用或检查代码输出结果时(此例中没有这样做),才能检测出此错误。就本次操作而言,此错误属于形式编码错误。

表 C.19 网格单元数量的变化

网格	l_2范数误差	误差比	观测精度阶	最大误差	最大误差比率	观测精度阶
密度							
11×9	3.21339×10^{-4}			6.98219×10^{-4}		
21×17	8.98044×10^{-5}	3.58	1.84	1.81494×10^{-4}	3.85	1.94
41×33	2.37936×10^{-5}	3.77	1.92	4.70610×10^{-5}	3.86	1.95
81×65	6.11793×10^{-6}	3.89	1.96	1.19481×10^{-5}	3.94	1.98
速度的 u 分量							
11×9	2.66476×10^{-4}			4.98390×10^{-4}		
21×17	7.16769×10^{-5}	3.72	1.89	1.37977×10^{-4}	3.61	1.85
41×33	1.88277×10^{-5}	3.81	1.93	3.61425×10^{-5}	3.82	1.93
81×65	4.84251×10^{-6}	3.89	1.96	9.19734×10^{-6}	3.93	1.97

续表

网格	l_2范数误差	误差比	观测精度阶	最大误差	最大误差比率	观测精度阶
速度的 v 分量						
11×9	1.77446×10^{-4}			3.05520×10^{-4}		
21×17	4.32666×10^{-5}	4.10	2.04	7.79543×10^{-5}	3.92	1.97
41×33	1.07127×10^{-5}	4.04	2.01	1.97842×10^{-5}	3.94	1.98
81×65	2.66420×10^{-6}	4.02	2.01	5.00060×10^{-6}	3.96	1.98
总能量						
11×9	1.51588×10^{-4}			2.81122×10^{-4}		
21×17	3.77868×10^{-5}	4.01	2.00	7.89060×10^{-5}	3.56	1.83
41×33	9.54920×10^{-6}	3.96	1.98	2.06421×10^{-5}	3.82	1.93
81×65	2.40351×10^{-6}	3.97	1.99	5.21747×10^{-6}	3.96	1.98

C.20　冗余"Do 循环"

一个冗余"Do 循环":

表 C.20　冗余"Do 循环"

网格	l_2范数误差	误差比	观测精度阶	最大误差	最大误差比率	观测精度阶
密度						
11×9	3.91885×10^{-4}			8.33373×10^{-4}		
21×17	9.94661×10^{-5}	3.94	1.98	1.99027×10^{-4}	4.19	2.07
41×33	2.50657×10^{-5}	3.97	1.99	4.93822×10^{-5}	4.03	2.01
速度的 u 分量						
11×9	3.31435×10^{-4}			5.98882×10^{-4}		
21×17	7.97201×10^{-5}	4.16	2.06	1.50393×10^{-4}	3.98	1.99
41×33	1.98561×10^{-5}	4.01	2.01	3.76816×10^{-5}	3.99	2.00
速度的 v 分量						
11×9	2.28458×10^{-4}			3.83091×10^{-4}		
21×17	4.87140×10^{-5}	4.69	2.23	8.58549×10^{-5}	4.46	2.16
41×33	1.13447×10^{-5}	4.29	2.10	2.09721×10^{-5}	4.09	2.03

续表

网格	l_2范数误差	误差比	观测精度阶	最大误差	最大误差比率	观测精度阶
总能量						
11×9	1.90889×10^{-4}			3.51916×10^{-4}		
21×17	4.20472×10^{-5}	4.54	2.18	8.86208×10^{-5}	3.97	1.99
41×33	1.00610×10^{-5}	4.18	2.06	2.18304×10^{-5}	4.06	2.02

```
do j = 2,jmax - 1
    doi = 2,imax - 1
    dudx(i,j) = (u(i+1,j) - u(i-1,j)) * R2Dx
    …
    end do
end do
```

添加至 NS2D。预计网格收敛测试不能检测出此错误,事实也确实如此。如表 C.20 所示,所有变量都具有二阶精度。原则上,此错误可以利用代码效率测试检测出来,所以将其归类为效率编码错误,也有观点认为此错误属于形式编码错误。

C.21 错误的时间步长

在 NS2D 中,时间步长 Δt 的值被变更为 $0.8\Delta t$,结果是代码的运行时间步长略小于预期。对于稳态问题,预计网格收敛测试不能检测出此错误,事实也确实如此。稳态解的获取并不依赖于 Δt(此特性仅适用于 NS2D 中的算法,一般情况下并非如此),因此,此错误不会影响到解。表 C.21 列出了所有变量的正确精度阶。然而,若是求解非稳态问题,也会检测出同样的错误。因此,此错误属于形式编码错误。

表 C.21 错误的时间步长

网格	l_2范数误差	误差比	观测精度阶	最大误差	最大误差比率	观测精度阶
密度						
11×9	3.91885×10^{-4}			8.33373×10^{-4}		
21×17	9.94661×10^{-5}	3.94	1.98	1.99027×10^{-4}	4.19	2.07
41×33	2.50657×10^{-5}	3.97	1.99	4.93822×10^{-5}	4.03	2.01

续表

网格	l_2范数误差	误差比	观测精度阶	最大误差	最大误差比率	观测精度阶
速度的 u 分量						
11×9	3.31435×10^{-4}			5.98882×10^{-4}		
21×17	7.97201×10^{-5}	4.16	2.06	1.50393×10^{-4}	3.98	1.99
41×33	1.98561×10^{-5}	4.01	2.01	3.76816×10^{-5}	3.99	2.00
速度的 v 分量						
11×9	2.28458×10^{-4}			3.83091×10^{-4}		
21×17	4.87140×10^{-5}	4.69	2.23	8.58549×10^{-5}	4.46	2.16
41×33	1.13447×10^{-5}	4.29	2.10	2.09721×10^{-5}	4.09	2.03
总能量						
11×9	1.90889×10^{-4}			3.51916×10^{-4}		
21×17	4.20472×10^{-5}	4.54	2.18	8.86208×10^{-5}	3.97	1.99
41×33	1.00610×10^{-5}	4.18	2.06	2.18304×10^{-5}	4.06	2.02

附录 D 多孔介质-自由流界面方程的人造解

利用人造解方法,构造一个求解自由液面方程的精确解。

1. 控制方程

计算域:设 x_m、x_M、y_m、y_M、t_s 和 t_e 为实常数。将问题域 Ω 定义为

$$\Omega = \{(x,y,z) \mid x_m \leq x \leq x_M, y_m \leq y \leq y_M, z_B \leq z \leq \eta, t_s \leq t \leq t_e\}$$

式中:$z_B = z_B(x,y)$ 为计算域底部标高;$\eta(x,y,t)$ 为水位标高。

内部方程:

$$\nabla \cdot K \nabla h = S \frac{\partial h}{\partial t} + Q$$

式中:$K = \mathrm{diag}(K_{11}, K_{22}, K_{33})$ 为对角化热导率张量,其中 $K = K(x,y,z)$、$S = S(x,y,z)$;h、Q 均随空间和时间而变化。

初始条件:

$$h_{ic} = h(x,y,z,t)$$

边界条件:

一般情况下,Ω 的 4 个垂直侧面可以是随空间和时间变化的水头或通量边界条件。计算域底部具有无流动边界条件 $\partial h/\partial z = 0$,顶部具有两个自由表面边界条件:

$$h(x,y,\eta,t) = \eta(x,y,t)$$

$$(K\nabla h - R\nabla z) \cdot \nabla (h-z) = \omega \frac{\partial h}{\partial t}$$

式中:$R = R(x,y,t)$ 表示界面交换量;$\nabla z = (0,0,1)^T$;$\omega = \omega(x,y,z)$,表示单位生成率。

2. 构造一个解

一般流程:

(1) 选择 x_m、x_M、y_m、y_M、z_B、t_s 和 t_e 来定义计算域；

(2) 为 K_{11}、K_{22} 和 K_{33} 选择可微函数；

(3) 选择 S 和 ω；

(4) 非线性 $h(x,y,z,t)$，确保当 $t \to 0$ 时获得的解与 S 和 ω 均等于 0 时获得的解相同，此外，还需确保自由表面的 $h_z \ll 1$；

(5) 根据 h 计算 h_{ic}；

(6) 选择计算域的 4 个垂直侧面上的边界条件类型（即水头或通量），然后根据 h 和 K 计算边界条件的值；

(7) 基于 $Q(x,y,z,t) = \nabla \cdot K \nabla h - S \partial h/\partial t$ 计算源项。需要用到 h 的一阶和二阶导数，以及 K 的一阶导数；

(8) 求解非线性方程 $\eta = h(x,y,\eta,t)$，计算出 $\eta(x,y,t)$。如果 $|h_z| < 1$，Picard 迭代就会发挥良好效果；

(9) 根据 $z = \eta$ 处估计的 $R = \{\omega \partial h/\partial t + K_{33} \partial h/\partial z - K_{11}(\partial h/\partial x)^2 - K_{22}(\partial h/\partial y)^2 - K_{33}(\partial h/\partial z)^2\}/(1/\partial h/\partial z)$，计算出 $R(x,y,t)$。

3. 具体构建

计算域：

$$\Omega = \{(x,y,z) \mid 0 \le x \le L_1, 0 \le y \le L_2, z_B \le z \le \eta, 0 \le t \le t_e\}$$

系数函数：

$$K_{11} = (K_{11})_0 \{1 + x/L_1 + y/L_2 + (z - z_B)/L_3\}^{1/2}$$

$$K_{22} = (K_{22})_0 \{4 - x/L_1 + y/L_2 + (z - z_B)/L_3\}^{1/2}$$

$$K_{33} = (K_{33})_0 \{4 + x/L_1 - y/L_2 + (z - z_B)/L_3\}^{1/2}$$

水头解：

$$f(x,y,z) = h_L + L_3 \cos\left\{\frac{\pi(x + L_1)}{L_1}\right\} \cos\left\{\frac{\pi(y + L_2)}{L_2}\right\} \cosh\beta\left\{\frac{z - z_B}{L_3}\right\}$$

$$g_S(t) = 1 - \exp\left(-\sigma\left(\frac{t}{t_e}\right)\right) \sin(n\pi)\left(\frac{t}{t_e}\right)$$

$$h(x,y,z,t) = \{f(x,y,z) - h_L\} g_S(t) + h_L$$

$\sigma = 1/S \sqrt{L_1 L_2}$，$n > 0$ 时，为某个整数，即解在时间 t_e 内执行的循环次数。注意，$g_S(t) = 1$，即在接近稳态时，$h \to f$，因此不会随 t 而变化。

地下水位标高:针对 x,y,t 各值,对 $h = h_L + \{f(x,y,h) - h_L\}g_s(t)$ 进行数值求解(表 D.1)。

表 D.1 具体参数值

参数	单位	数值	注释
L_1	m	20000	区域尺度
L_2	m	24000	区域尺度
L_3	m	200	地下水位坡度
z_B	m	500	含水层底部
t_e	s	6.3×10^{11}	20000 年
$(K_{11})_0$	m/s	1×10^{-6}	
$(K_{22})_0$	m/s	4×10^{-6}	
$(K_{33})_0$	m/s	1×10^{-7}	
S	1/m	1×10^{-5}	为零时处于稳态
ω	无	0.1	为零时处于稳态
h_L	m	900	最小水位标高
β	无	1×10^{-3}	选择适当值,确保 $h_z \ll 1$
n	无	1	循环次数